1 任花蓮翰品總經理時，首推「Kid's Happy Hour」，打造名符其實的親子飯店（本書第 23 章）

2 尋找並整合在地資源，讓花蓮翰品更有影響力和特色，圖為與花蓮伴手禮業者曾師傅推出「翰品曾棒」聯名商品，右為業者代表葉小寶（本書第 25 章）

3 2014 年擔任雲朗觀光集團發言人時期形象照

4 2018 年花蓮遭逢 0206 大地震衝擊，帶領翰品同仁自製影片向大眾拜年並爭取社會支持

1　2019 年任花蓮觀光處處長任內主辦燈會，與徐榛蔚縣長和各局處首長合影

2　花蓮翰品總經理任內，與蘇帆文教基金會蘇達貞老師合作，首創全台第一家獨木舟體驗飯店（本書第 24 章）

1 2018 年任雲品酒店副總時，鼓勵主廚創作出「慈母手中線」母親節蛋糕，勇奪媒體獎項（本書第 22 章）

2 任花蓮翰品總經理時，鼓勵主廚創作出吸睛的「海底世界」蛋糕餐檯造景（本書第 24 章）

3 首創翰品酒店「擁抱龜」，讓小朋友成為「回頭客」的主力客群（本書第 24 章）

4 2019 年花蓮觀光處處長任內，成功開航兩條國際直飛航線，圖為山東航空濟南—花蓮直飛首航記者會（本書第 26 章）

1 2017 年任雲品酒店副總經理時形象照

2 2019 年任花蓮觀光處處長時參訪新天堂樂園

3 0206 大地震後，主動爭取與寶可夢旗下 Ingress 遊戲合作，開發 18 條花蓮路線，吸引上千名玩家齊聚花蓮，努力振興花蓮觀光（本書第 6 章）

唐玉書——著

誰說我的狼性，不能帶點娘?!

職場生存剛柔並濟的27個善良心智力量

目錄

CONTENTS

（依姓名筆劃順序排列）

PART 6

管理難不難？

PART 7

創意肥皂哪裡買

PART 8 後記

推薦序
Foreword

高IQ、高EQ、高MQ

東森集團總裁　王令麟

「不只做到最大，更要做到最好！」一直是我的企業經營宗旨，要達到這個目標，我認為人才是最重要的關鍵，二〇〇六年我自美國參訪CNN、CNBC等大企業返台後，更堅定我培育東森國際化人才的決心，陸續推出卓越團隊、幼獅獵犬、集團接班人等人才甄選與培育計畫，就是在這個時候，我對玉書有了印象，她是唯一同時出現在以上三個計畫中的人選。

後來才發現玉書是從東森購物最基層的公關專員做起，因表現優異，創下東森購物當時先例，由專員直接跳升De Mon SPA品牌行銷經理，她的兩任直屬長官——李傳偉和吳慧真都很推薦玉書，她也過關斬將獲選為東森集團第一屆接班人計畫第一名，預計三年內將她從經理培育到副總階級，可惜之後玉書因故離開集團。

多年後再遇到玉書，她已是南投雲品溫泉酒店的副總經理，我對於集團能夠培育出玉書如此優質人才，在其他產業任職高階管理階層備感欣慰。

從玉書這本《誰說我的狼性，不能帶點娘?!職場生存剛柔並濟的27個善良心智力量》一書中，讓我看到了一個基層員工努力向上、兼具積極狼性和細膩娘性的職場奮鬥史，很開心玉書年紀輕輕就能夠分享自身經驗，鼓勵更多對自己職涯規劃有期許的年輕人永不放棄，以及如何以高IQ、EQ和MQ開創自己的美好人生！

企業要永續發展，除了人才，還是人才，東森在事業不斷擴張的過程中，尋才，育才，留才一直是我們最重視的課題，企業除了要提供足夠的舞台，優渥的薪獎外，最重要的是企業要與員工一起成長，我常常告訴同仁，這是上東森大學，我們要終身學習，不斷創新，東森集團培訓除了專業課程，更多的是激勵與分享，改變做事的心態與方法，在這個國際競爭的時代，市場變化太快，產業競爭界線模糊，企業必須快速調整，更需要積極成長的員工，我期待社會上有更多優秀的人才，像玉書一樣樂於分享自己工作的正面能量，更期待台灣的人才面向國際，創造台灣的競爭力！

推薦序
Foreword

職場最佳學習表率

正崴集團獨立董事／
資深媒體人　李傳偉

十八年前，玉書以電視記者來採訪我時，我們就結下了不解之緣，當時我從電視大主播轉戰東森購物公關行銷副總經理，迫切需要媒體人才，就以我親身經驗說服她，邀請她進入企業公關領域。可是我團隊中的公關女將們，個個經驗豐富如狼似虎，玉書只有媒體關係，缺少公關行銷經驗，因此只能從專員做起，邊做邊學。

如同玉書在自序中所說，她的「狼性」與「努力認真」的態度，讓我看到她神速的進步與蛻變！當時特別為她量身打造一個「明星購物專家企劃案」，透過議題包裝與媒體宣傳，把當時的購物專家明星化，她不分晝夜絞盡腦汁，成功地完成任務，讓集團高層看到她努力認真與突出的表現，兩年後就被當時的周董事長破格晉升為經理之職，令人稱羨不已！

二〇〇八年東森購物出售給新加坡財團，我因此轉戰至正崴集團旗下的崴嘉科技公司擔任總經理，某日在午餐會中相遇，正巧玉書也希望迎接新挑戰，再度邀請她加入團隊一起打拚！同樣是公關經理，可是這次的主要任務，是向立法院、行政院交通部、NCC（國家通訊傳播委員會）、傳播學界等單位進行Lobby游說，爭取新設的行動電視執照！如同玉書所說的：「成功的第一要件是人脈」，她在台大經濟系與政大新研所的老師們，當時擔任最難溝通的NCC委員，正好都是她Lobby工作的對象，而她平常與師長們維繫的良好關係，也再度讓她順利達成任務！在短短的一年多中，正崴集團的尾牙晚宴也由她擔任主持人，口條清晰、口才伶俐、反應聰慧，讓集團上上下下都看到她的優異表現，並留下深刻的回憶，也顯現出她未來必將走上「網紅美女達人」之路！

若說有遺憾，是二〇一〇年底，我從崴嘉科技公司轉戰當年台灣首富企業「頂新集團」之時，我希望擴充公關團隊，帶她一起加入，可惜當時高層眼光不夠深遠，讓集團錯失人才，爾後集團發生公關危機時，果然人才不足，無法承擔與管控（本人在危機前已經轉戰至東森電視集團）。十八年來，看到玉書不斷成長，從公關經理、五星飯店總經理、花蓮縣觀光處長，在「努力認真」的工作上，充分展現「經營人脈」與善用「雙贏合作，創造共好」的成功策略；在生活上，大家有目共睹，都知道她孝順母親，再忙也要每週抽空陪母親玩一天！為了珍惜夫妻感情，更不惜放下遙遠忙碌的工作，回到老公身邊，重新尋找自己喜歡又可掌控的工作。玉書說她四十六歲退休，其實她是從現在開始，將走進人生中更璀燦的歷程！

二十年換了二十二個工作，玉書累積的經驗與人脈，將是這本書帶給讀者的最佳真實案例與學習的表率！最近玉書在Podcast平台上，主持一個新節目「元宇宙名人錄」，不但重新回到熟悉的主持人工作，這也將是她「人脈資源整合」的平台，透過元宇宙，玉書的未來發展將深不可測！讓我們拭目以待吧！

推薦序
Foreword

不藏私的職場蛻變之路

1111人力銀行總裁　林文雄

很多人都知道，我年輕的時候是老師，所以創立1111人力銀行的初衷就是想幫助更多初出社會，對未來人生懵懂徬徨的社會新鮮人們，教育是我畢生的職志。很開心看到玉書出了這本職場勵志的書，近幾年來，教人職場心機和厚黑學的書越來越多，也讓職場新鮮人對於自己的職涯充滿了問號和抱怨，玉書這本《誰說我的狼性，不能帶點娘?!職場生存剛柔並濟的27個善良心智力量》，讓我看到了正面的思維，尤其很多人明明自己不夠努力卻老是怨嘆懷才不遇，我為了導正年輕人這類觀念，特別在1111人力銀行裡面開闢了很多有趣的職場心理測驗和小遊戲，剛好跟玉書的新書理念不謀而合，因此我立刻提議可以跟玉書合作，不僅在她的新書中置入相關的趣味心理測驗幫助讀者更加了解自己；也計畫在未來1111人力銀行全台大專院校的巡迴徵才講座中與玉書配合，以玉書職場豐富的資歷，以及橫跨產、官、學、媒，從基層做到高階總經理甚至一縣觀光首長的經驗，跟即將踏入職場的社會新鮮人面對面交流，相信可以讓莘莘學子們對於自己的未來更有方向，再透過1111人力銀行上萬個工作職缺媒合，讓術業有專攻、人盡其才，大家安居樂業，社會自然更加美好！

還記得剛認識玉書時，她還在雲朗觀光擔任公共事務處處長和集團發言人，我公司很多高管跟她都是從媒體時代就熟識的好朋友，看她從一個媒體公關人，一路蛻變成為專業經理人，她擔任花蓮翰品酒店總經理期間，我們台灣行網站跟她就有很多合作。沒想到她後來被徐榛蔚縣長慧眼識英雌延攬入閣，台灣行網站當時還特別設有花蓮專區，全力行銷花蓮觀光。當玉書因一句觀光宣傳口號「兩個太太、三個小山」而被媒體和議員批評時，她正在我們集團擔任幸福企業頒獎人，我同時看到了她的「堅強」與「脆弱」，一個想要做事的人難免遇到挫折，不過，天將降大任於斯人也，必先勞其筋骨、苦其心志……後來的玉書擦乾眼淚，又為花蓮開了兩條國際航線，真的讓人忍不住要為她拍拍手！

玉書也是我們集團另一個事業體——中華人事主管協會的講師，還曾經獲得年度最佳講師的殊榮，我很開心玉書現在也以知識及經驗分享為職志，朝向最熱門的職涯規劃師／職涯諮詢師發展。祝福玉書，也期待玉書這本新書與1111集團合作順利愉快，幫助社會新鮮人和職場中基層主管步步高升，打開人生成功的大門！

推薦序

Foreword

嬌小身軀，巨大心靈——我所認識的唐玉書

花蓮縣長　徐榛蔚

「法無二門，認真是達標的唯一路徑；不二法門，堅持是成功的唯一竅門。」我所認識的唐玉書，就是一位凡事堅持到底、內柔外剛、努力認真的優雅女子，嬌小的身軀溢滿巨大的心靈量能！

說到《誰說我的狼性，不能帶點娘?!職場生存剛柔並濟的27個善良心智力量》一書，這是時報出版社和1111人力銀行集團聯合出版的職場勵志書，對象是社會新鮮人和對自我有期許的職場基層主管和員工，玉書希望藉由實例，分享職場自我實現的經驗和心法，實用性十足，用字遣詞淺顯易懂，是年輕人很好的「職場踏勘敲門書」。

我一向認為，生命本身充滿了驚嘆號，每個轉折都會是個驚奇，踩在人生的蒺

藜地上，通過種種困窘關卡的考驗，就會發現生命是如此的美好，是如此的與眾不同；年輕人要耐勞耐寂，在人生的單行道上，幸福的通關密語就是「勇往直前」。

原本我是個平凡的家庭主婦，只想相夫教子，扮演好為人妻、為人母的角色，但生命的驚嘆號出現了，竟然一個轉折，步入了詭譎多變的政壇，陸續擔任立法委員、縣長等公職，二〇一八年走進縣政府大門時，很多人都在睜眼看，我如何駕馭縣府這艘大船？想到「不頂千里浪，怎得萬斤魚？」於是，我勇往直前，放手一搏，先找志同道合的人一起努力縣政，其中，請來花蓮翰品酒店總經理玉書轉換跑道接掌縣府觀光處長一職，就是看中她在觀光業界的亮眼表現，事實證明，她的創意、熱情與認真，被大家看見了，在公部門半年時間，就為花蓮成功開發兩條國際航線，讓花蓮觀光多了能見度與與繽紛璀璨。

在為七星潭尋找儀式感時，玉書主打各風景區不曾出現的「疊石」，並賦予七星潭一個浪漫故事：「相傳相愛的人，只要一起在七星潭堆疊七顆石頭，感情將長長久久。」果然，情侶、夫妻、年輕同學紛紛前往，盼獲「疊石傳説」的祝福。這就是玉書為推廣花蓮觀光的創意之一。在為鯉魚潭的紅面鴨尋找靈感時，同樣有令人眼睛為之一亮的創意，什麼西瓜鴨、金針鴨、乳牛鴨等，不一而足，紛紛出籠，讓紅面鴨家族帶動了觀光產業發展。

玉書被美譽為「台灣公關界的林志玲」，有太多值得一書的地方，她曾獲兩岸十大傑出人物，法國藍帶亞太區榮譽大使等諸多榮耀，從媒體界、演藝圈、餐旅業到教育界，二十年職場生涯換了二十二個工作，每個轉折都是個驚奇，不變的永遠是「努力認真」的態度，就像玉書在這本書中所寫的「如果想遇到伯樂，自己得先成為千里馬。」玉書做到了！

在我眼裡，玉書是一位柔中帶剛、剛柔並濟的奇女子，把「狼」與「娘」的良善本質與生存法則，詮釋得恰到好處。「你不勇敢，沒人替你堅強；你不秀肌肉，沒人替你拚場。」確實，玉書做任何事情，都有巾幗不讓鬚眉的架勢，為人豪氣干雲，也讓她擁有好人緣，企盼這本書能與更多人結善緣，就讓我們站在燦爛陽光下，活出自己想要的精采。

推薦序
Foreword

雪中悍刀行

康寧大學副校長　馬西屏

玉書來電邀請我替她的新書寫序，頓時兩手痛苦不堪，起了大水泡。為何？因為接到一個超級燙手山芋！

為何說這是燙手山芋？

第一，玉書笑傲江湖、相識滿天下，能替她寫序的人都有一劍開天門的絕世功夫，就拿幼祥兄來說吧，聽說也在排隊寫序之列，幼祥兄迎逢拍馬的功夫……呃！說錯。是說好話、存好心的功夫屬於滿漢全席等級；而我歌功是清粥、頌德是小菜。根本進不了廳堂、入不了廚房。

第二，玉書這本書太豐富精彩。玉書「產、官、學、媒」資歷完備，寫生平起伏跌宕、談職場波瀾壯闊、數人生高潮迭起、述感悟動人心弦、雪中行悍刀在手，短短一篇序要全部說清楚，比說清楚台灣人的根與黃河長江有沒有關係還難！不過大家別擔心，我雖然接到燙手山芋，但是我不怕燙，因為我是「鋼鐵人」。中華民國電視史上第一位談話節目「鋼鐵人」，我的第一次也是給了玉書，尺度大解放。

我的序就從「鋼鐵人」開始講起好了。

玉書最近在「好好聽FM」Podcast開闢全台第一檔談元宇宙、雅俗共賞的節目「元宇宙名人錄」，第一集就請我「華燈初上」。

又一個超級燙手山芋！

談元宇宙簡單，但玉書不要正經八百的元宇宙，她要玩，猶如這本書中最厲害的部分，就是她如何「玩」。她說：「親愛的馬大哥，元宇宙沒腳本，就麻煩您發揮想像力囉！我們不談技術，談想像力，要天馬行空，您對元宇宙的創意和想像。」各位！元宇宙談想像力？您來試試。

玉書要什麼？她當初推銷花蓮，想出了「兩個太太、三個小山」slogan，兩個太太是太平洋、太魯閣；三個小山是美崙山、林田山、金針山，她要的是這種會心一笑。但是卻遭議會抨擊，認為汙辱女性。她擦乾眼淚轉個彎，把slogan改成「尋找林美金太太」（林田山、美崙山、金針山、太平洋、太魯閣）。我的天啊！我如何將元宇宙變身「林美金太太」？但玉書就是要這個！

第二步她開始玩，要我變身「鋼鐵人」：「馬大哥如果想嘗試，非常歡迎唷！畫只需要十分鐘左右，卸掉很容易。別擔心，不勉強唷！我們開心的玩。」起手式是「圓融的娘性」。

我一到場，先請我試穿「鋼鐵人」服裝，無法拒絕。接著一位氣質美女出場與我談心，表示是我的超級粉絲（真的愛慕之情溢於言表，讓我怦然心動）。結果原來是特別邀請享譽國際的噴槍特殊化妝大師、亞洲色彩創辦人周育瑾女士，又讓人無法拒於千里之外；更厲害的是，本來我第一個錄，但何啟聖先體驗噴槍特殊造型，化身阿凡達納美人，我若是拒絕，可就變成「老師就是矯情」了。這就是玉書的狼性帶點娘！一定要達到目的，但讓你自己走入彀中，心甘情願。

為了扮演好稱職主持人角色，玉書實際開了一個加密錢包，還花了〇・八顆乙太幣（約台幣八萬元）在Yassart Labs平台買了元宇宙世界的分身「生肖人」。據悉，生肖人全球僅有五百個，依十二生肖設計各種造型，每個都是獨一無二。

現場還設計了一台機器人，會走動會說話，一直嚷嚷：「馬老師，我愛你」，完全笑場。甚至還可以抽大獎，「元宇宙名人錄」除了有百樣獎品提供給粉絲以外，最大首獎是瑞穗天合國際觀光酒店的總統套房。

分享這些，就是告訴大家玉書成功的祕密，這麼簡單的一個訪談節目，她設計得無比多樣化，攤開重量級來賓名單，可見她的用心；每位來賓都備有禮物、請吃飯，更見周到與細心。

玉書打電話來時，我正在看連續劇《雪中悍刀行》，突然覺得玉書很像北涼王世子徐鳳年，徐鳳年有父親徐驍的狼性，卻也有父親沒有的娘性（善良、細膩、圓融），她的狼性帶點娘！

踏雪，遊江湖。執刀，行千里。

溫酒，迎來客。談笑，敬風流。

群雌彙聚，笑侃江湖。

小二，上酒！

——看書咧！

推薦序

Foreword

俠女玉書的職場武功祕笈

伊尹美食文化學院院長
梁幼祥

我在研究所的許多報告中，喜歡把作者的時空背景、專業、特質，整理在報告前，再開始做內文的闡述。我一直認為如此，讀者先了解作者、才能深層的去理解作者的思維背景。

玉書這本新書的書名，就提到「剛柔並濟」，喜歡看武俠小說的朋友，必然知道大多數的故事中，都有一位「正氣凜然」、「身形飄逸」、「武功俊俏」、「好打不平」、酒量好、膽子大，且能「剛柔並濟」的女俠。

而玉書的柔若柳絮、靜若幽谷、動若疾風……不正是武俠故事中敘述的那般「俠女」嗎?如果認識玉書的朋友，一定會說：真的ㄟ!玉書就是這樣!

綠竹巷，幽徑長。

纖手如玉，淨琴為君張。
弦挑流水洗客愁，
眉間心上，千千結丁香。
露沾衣，古寺涼。莫弄清簫。
此生最斷腸。黑木崖上誰成王？
笑傲江湖，何妨共子狂！

玉書正如《笑傲江湖》中描述任盈盈的詩一般！

固而當你看這本書的時候，心裡要有一位俠女的影子，讀文後，你會有另外一種情境，應該更能領悟這個才貌雙全的女俠心境！

玉書的才氣還有她的美，來自於她源於儒學中的「萬事孝先」！也因為她是俠女，她孝順母親的方式也異於常人，她不見得百依百順，但她總能用智慧或巧勁，將她那也很有主見的媽媽，擺得服服貼貼！歡喜難掩！

一個成功的「俠女」背後必然有位有能耐的老公，言至於此，更要期待她的下一本著作「我那能讓我開心到死的老公」出版。

玉書是業界少有「產、官、學、媒」資歷完備的專業人才。我很少誇獎人，但我能琢磨她必然成功的一些道理。因為她剛出道一路走來，我可以說是看著她長大的，雖不致跌跌撞撞，但多少還是起起伏伏，而過程中如若遇見不順，她會各方諮詢，一方面抒發、一方面請教，她歸類好後，會擬出一套新的劍法，一方面茁壯自己、一方面隨時抵禦外敵。正面積極「毫不畏懼的態度」、廣結善緣「與人為善的熱忱」，就是這俠女玉書，看似簡單卻不簡單的寫照！

玉書在讀完台灣最好的兩所大學之後，為了精進，居然又考上了億萬學子嚮往的北京傳媒大學研究所博士班。這不就是武林中的俠女嗎？功夫已經了得，仍然入得深山求仙求道。

職場的競爭，如遇少林、武當、峨眉……等各個門派的雲集高手！論實戰爭鋒之刻，能屹立不搖者，必然需要身段靈活、態度唯誠，剛柔並濟。

大俠我赤誠的向您推薦此書，更向您推薦先認識俠女玉書！

推薦序

Foreword

越努力越幸運

雲朗觀光集團總經理／雲品國際董事長　盛治仁

跟玉書初次見面的印象，就是嬌小玲瓏的個子、亮眼的穿著打扮加上清脆爽朗的笑聲，很像她書裡形容的被當男孩養的小公主，真的感覺有點狼性又有點娘。更認識她之後，才發現自己的第一印象太膚淺了。

擔任公共事務處處長幾年後，玉書主動爭取要到雲品溫泉酒店第一線去服務，坦白說，我心裡是有些嘀咕的。並不是認為「唐玉書不行」，因為她的能力、視野和反應絕對不是問題，我擔心的是生活和工作環境的不適應。畢竟在飯店業界進行公關工作的熱鬧台北和在第一線服務客人的沉靜日月潭，是兩個截然不同的世界。我不知道愛熱鬧的玉書能不能夠調整適應日月潭的生活環境。

看了她書中的描述，才知道她體內的狼性有多強。別人越不看好，她越要證明自己可以做到。她的創意、堅持和認真努力很快就被看到。在雲品副總任內的優異表現讓公司在花蓮翰品總經理出缺時就想到了她，很快地就坐上了總經理的位置，又因為表現突出，被徐榛蔚縣長延攬入府服務。

玉書能夠橫跨不同產業和領域，靠的不只是公關技巧，更是紮實的做事能力。書中大家可以看到玉書在不同的職涯階段展現的各項能力，不論是公關技巧、溝通能力、同理心、創意和執行力，都可以看到滿滿的案例和啟發，對讀者一定有極大助益。

我也來分享一個親身體驗。幾年前，數十位高中同窗相約帶著家人一起報名雲朗觀光太魯閣峽谷馬拉松，入住當時玉書擔任總經理的花蓮翰品酒店。早上出現了一些狀況，大會和酒店安排的遊覽車沒有接到所有跑者就已經出發，留下了許多跑者在大廳等候。我則因為是工作人員身分比一般跑者更早就離開抵達現場，所以並不知道當時發生的事情。

玉書在現場立刻啟動危機處理，先安撫跑者情緒並及時調度車子，讓跑者終能趕上在起跑時間前抵達。事後，每位跑者還收到了玉書親筆寫得滿紙的卡片，說明狀況並表達歉意。我的同學們告訴我他們對這樣的危機處理方式非常感動，也都印象深刻。後來聽說玉書被延攬入縣府服務，也就毫不意外。

因為機緣巧合，玉書在二十年換了二十二個工作，她不斷地願意跨出舒適圈自我挑戰，每一項工作的歷練和學習，都成為她未來發展的養分，也讓本書分享的經驗更為難得。

玉書能夠在作事前理性分析，了解當前問題的優勢、劣勢、機會和威脅，再做出最適合的選擇與回應，很值得我們學習。我們常常一路往前衝，但做事不能只憑直覺，更需要冷靜盤點面臨的狀況、手上的資源和內外部的情勢，再來擬訂策略。這部分玉書在書中多處給了我們很好的示範。

我一直很喜歡一句話，「越努力就會越幸運」。玉書的努力，讓她被大家看見，也帶給她各式各樣的發展機會和挑戰。我不知道這能不能被稱為幸運，但是我知道這種際遇，絕對只會發生在非常努力的人身上。希望這本書的出版，也能讓讀者感染到這股拚勁，讓自己不斷努力，人生也能變得更幸運。

推薦序
Foreword

職場葵花寶典

國際佛光會中華總會總會長／
永慶慈善基金會董事長　趙怡博士

頃聞好友唐玉書有大作問世，才驚覺到我和她結識已將近廿年了。兩人雖屬不同世代，但所學相近，性情亦十分投契，即便彼此生活忙碌，聚首機會不多，但經常互通音信，遂成忘年莫逆。

玉書的新著以《職場生存剛柔並濟的27個善良心智力量》為名，把她多年工作經驗與心得毫無保留地公開與大眾分享，而我有幸先睹全文，得窺堂奧，引為快事！只可惜余生也早，沒能來得及在退休之前修練到這本「葵花寶典」。

凡是與唐玉書有過從的人大概都和我有同感：第一次見面就留下極為深刻的印象。二〇〇三年，東森媒體集團招考青年幹部，我擔任口試官。作為一名應試的社會新鮮人，玉書的儀表、談吐和熱情爽朗、充滿自信的神態，加上台大、政大的閃亮學歷，立如鶴立雞群般技壓全場，脫穎而出。錄取分發之後，玉書不負眾望地發揮所長，並在集團「未來接班人培訓計畫」中榮獲第一名。當然，頂尖拔萃的人才多半在真正「接班」前即被高薪挖角而去。

最近十餘年來，玉書在跨國酒店業界闖出一片天地，接著受聘地方政府出任首長要職，更主持公協會與擔任高校教職，她扮演任何角色都稱職出色，表現亮眼，注定是「人生勝利組」！眾好友看著她悠遊於產官學媒各界，樂趣無窮，得其所哉，都為她慶幸與祝福。

本書中的二十七條職場生存之道，包含許多革新求變的創意、化解危機的妙招和發人深省的金句，其中幾個章節如「二十年換二十二個工作不是我故意的」、「如果想遇到伯樂，自己得先成為千里馬」、「不要大小眼，小人物也有影響力」，「學說話前先學會聽話」、「翅膀沒長硬別急著飛，你的馬步蹲夠了嗎」、「當個有溫度的主管」、「公部門能有創意嗎」、「麻將桌上的職場人生」……都深得我心，但是作者卻能運用更犀利的文句、更新穎的詞藻、更時髦的用語和足以引人入勝的標題來加強其趣味性與可看性。這是一本融實務、學理與案例解析於一爐的佳作，譽之為「職場族群必讀」，絕非過辭。

作者雖已將職場生存的技巧傾囊於書中各節，但最重要的招數卻昭示於序文裡。她開宗明義地說：「當你努力認真想完成一件事情的時候，全世界都會來幫助你！」我深刻瞭解，玉書一生誠以待人的性格特質、勇於任事的積極態度、永不服輸的奮鬥精神，才是她開啟一扇扇成功之門的鑰匙！

整本書讀來如觀行雲流水，自然生動中又現高潮起伏，幾無冷場，全不見八股教條、框架陳規，每一段話都是作者本人在職場生活中親眼所視、親耳所聞、親身所歷的真實全紀錄，可謂「隨手拈來，俱見文采」，予人神清氣朗、暢快淋漓的感覺。認識玉書至今，但知其反應明快，口齒便給，沒想到文字功力竟也如此深厚，但願她能不輟筆耕，繼續出版幾本好書，在「管理長才」之外，再添一項「新銳作家」的美名。

推薦序
Foreword

她是唐玉書嘛，還有什麼不可能！

作家／主持人　蔡詩萍

唐玉書要出新書了！

在書市成堆，而年輕人又不太讀紙本書的年代裡，出書這件事該怎麼看待呢？玉書希望我寫點推薦文，我讀了她傳給我的部分電子檔，心想：該怎麼寫，方能凸顯出她的特質呢？

那種，很聰明的人，很敏捷的人，講話節奏很快，音階很高的人，一看就知道很可以三頭六臂，一心好幾用的人，效率快，心很急的人。

這樣的人，尤其還是一位漂亮的女生，實在不是我這種「憨漫」的學長，所能理解全貌的。啊，沒錯啊，我只有是她台大學長這一頭銜，稍稍可以拉上為她寫推薦的關聯吧！

但維持了一些距離的友情，反而讓我較為沒有瓜葛的，可以欣賞她「唐玉書」這個女孩。

比方，她做事情的效率，負責任的態度。

千萬不要以為這很容易，負責任是一種擔當，是你該做的，就不會找理由逃避，不但不逃避，還能在緊密的時程要求下順利完成，這是唐玉書在書裡，舉了好幾個她完成的例子，來證明自己是「有肩膀的現代職場女子」。

再比方，她轉戰好幾個類型截然不同的職場，但每一項新職，都做得風風火火，給人亮眼傑出的印象。固然，這跟她好強，致勝的個性有關，但若不付出一定的辛勞，沒有相當程度的智慧，說真的，也並非是理所當然的。機會難得，但機會來了，你抓不抓得到呢？玉書在書裡，不自覺地，給了讀者很好的範例。

玉書經常給人精明能幹的印象，但她在書裡卻語重心長的，提醒了人生也好，事業也罷，必須「雙贏」（Win-Win）的價值。

這若非個人的EQ很好，便是個人生命的歷程提出的反思，但無論如何，人是活在群體中的，你要在群體中實踐自我，也要靠群體來拉抬自我的影響，「雙贏」

因而不僅僅是智慧，根本就是做人處事的原則了。

我讀玉書的文字，在她款款深情的鋪陳裡，深深感覺到，這是一本現代女性的成長書，有她的感性與理性的對話；這也是一本鼓舞女性勇敢跨越自我的勵志書，時而像短跑女將的衝刺，奮勇向前，時而像長跑女神的堅持，不達目的絕不放棄，當然，更時而像美美的啦啦隊，全心全意，為隊友打氣，為自己扮演的角色開心！

大概這就是我所認識的唐玉書了吧！

集眾人羨慕的才情，外貌，智慧，學歷於一身，然而，她的人生還在上半場的收尾，那海天遼闊的下半場，會是怎樣的圖像呢?!

正因為她是唐玉書，所以我不敢斷言她的新的可能性！

我唯一能做的，是透過短短的文字，把我讀她的新書感受到的生命力，解讀出來，然後，再跟這本書的讀者們一起，等著，下一幕，唐玉書走進新舞台時，再度給我們一個亮眼，驚訝的起舞式！

推薦序
Foreword

陰陽剛柔的太極之道

台灣旅遊交流協會理事長／
前交通部觀光局局長　賴瑟珍

看到這麼特別的書名《誰說我的狼性，不能帶點娘?!職場生存剛柔並濟的27個善良心智力量》，肯定會有點好奇，是什麼樣女子想要表達什麼思維？一知道作者是活力充沛、創意十足的唐玉書後，我也就不覺奇怪了。

初初認識玉書的時候，是我在觀光局局長任內視察日月潭管理處，當時她剛離開電視主播位置，到雲朗觀光集團擔任公關，只記得她是一個熱情靈活的小女生；不想若干年後再見面，她已經從一個五星飯店總經理變成花蓮縣政府觀光處處長，這樣快速歷練成長，除了跟她傲人的學經歷有關，還有從小受父親身教的薰陶，大有「以天下為己任，不入虎穴焉得虎子」的氣魄，這樣的性格才會有這種百變身影，從民間單位一級主管縱身一變為花蓮縣觀光處處長。

書中讓人印象深刻且讚嘆的是，她竟然以一個縣級機關，能完成談判且開通兩條台韓包機航線，在有限的經費資源下，為了行銷花蓮觀光屢屢想出響亮的觀光slogon，在在展現她從國際觀光累積的能量與視野。做事與做官之間，確實兩難，小女子闖入叢林當然不是為了做官，也就不得不面對議會犀利的質詢，這些心路轉折都相當不易。

我個人一路從基層公務人員做到觀光局局長，長達三十九年歷練，看完玉書這本書，對她說的「剛柔並濟的善良心智力量」頗有共鳴，不論是狼或是娘，都有著「良」的本質，也唯有融入陰陽剛柔的太極之道，才能成就每一個不可能。玉書擔任觀光處長時，邀請我擔任花蓮觀光文化大使，因感念初任台灣旅遊交流協會理事長時，主辦第一屆美食展便受到傅崐萁縣長的情義相挺，因此不假思索欣然接受，也因此與玉書、花蓮結下更深的緣分。

所以我特別喜歡書中第七章「如果想遇到伯樂，自己得先成為千里馬」，談到她與徐縣長互動的過程，第二十六章「公部門能有創意嗎？半年開兩條國際航線，我怎麼做到的」，談到如何在一板一眼的公務體系突破限制，闖出一片天，因為一個人再有通天本領，如果沒有遇到充分信任、授權的伯樂，沒有剛柔並濟的智慧與策略，也絕對無法一展長才！

玉書優秀的學歷，加上橫跨產、官、學、媒二十多則實務經驗和精彩故事，相信對於有志在公、私部門職場發展的人來說，會是一本極佳的教戰守策。

我總認為：「當你努力認真想完成一件事情的時候，全世界都會來幫助你！」這個信念也讓我的人生一路走來越來越順遂，但請別劃錯重點，這句話強調的是「努力認真」。我們那個年代還有高中和大學聯考，考試前不免俗要去廟裡拜拜祈求金榜題名，但我求的內容永遠是：「我會努力認真讀書，請神明保佑我好運氣！」這個祈願的前提一樣是「努力認真」。成功不會隨便來敲門，除非你夠卓越；而要想卓越，最基本的功夫就是「努力認真」。

在職場奮鬥二十年，因為「努力認真」讓我換了二十幾個工作還不怕、因為「努力認真」讓我多次被破格擢升創下紀錄，但當你爬到某個層級之後，光是「努力認真」絕對不夠，就像街邊名店想得到必比登推介，甚至成為米其林一星、二星、三星餐廳，依序加入的元素肯定越來越艱難。幸運的是，我有雙平凡卻偉大的父母，五十歲才生我的爸爸用愛及包容灌溉我，讓我有強大且正向的心智；僅有小學學歷卻充滿智慧的媽媽用善及道理教育我，讓我有無限且正面的力量，小草和大樹的故事、北風與太陽的故事、岳飛十二道金牌的警惕……，總在我人生關鍵時刻提醒我如何應對。當然，我人生中數不盡的長官和貴人，也是我能夠一路披荊斬棘、過關斬將的最大資產。還有一直深情守護我、支持我做任何決定的好老公——黃建隆，記得他曾說過一句話，他說我就像是在天上高飛的風箏，他絕不會當那個抓住風箏的手或線，他願化作溫柔的風，助我飛得更高更遠！沒有我的父母、長官、好友、貴人和好丈夫，絕對沒有今日的我！在此，謹藉這本書，感謝影響我人生發展重大的「您們」！

寫這本書算是機緣巧合、也算是水到渠成。其實早在八年前，我四十歲左右就有出版社請我寫書，但我自認還不夠格而婉拒；八年後，一位常常私下請益我職場心得的老同事不經意一句話：處長，妳應該出書來解救眾生。讓我又興起出書的念頭。雖然我不認為自己有這樣偉大，但是已進入半退休狀態的我，的確對於知識和經驗的傳承很有興趣。當我有這個想法後，十分感謝前台北市雜誌商業同業公會余國定理事長熱心指點迷津，更感謝時報出版公司趙政岷董事長賜書名《誰說我的狼性，不能帶點娘?!》並支持出書計畫。撰寫過程中，也要感謝過去各階段的同事們提供寶貴回饋，以往共同打拚的點點滴滴歷歷在目，我們共同打過一場又一場美好的戰爭，而這些彪炳的戰功就讓我用此書紀錄吧！因此，也要藉此書謝謝跟著我「努力認真」的一級主管和同仁們！

我很喜歡趙政岷董事長用「狼」和「娘」形容我，因為有三個比我年長許多的哥哥們及金庸十四部武俠小說陪伴的童年，再加上國、高中六年純女校的特殊經歷，的確讓我兼具剛柔。這幾年，很多人強調職場要有狼性，感覺好像就是心狠手辣地緊咬獵物不放，但我認為「狼」把部首拆開，指的應該是動物良善的本質，也就是努力認真求生存、絕不輕言放棄；而「娘」把部首拆開，指的應該是女性良善的本質，也就是細膩、同理心，以及如水般的可塑性和柔軟度。

除了「狼」和「娘」剛柔並濟的特質，方法也很重要，書中我分享了三百六十度公關、有效溝通、同理心領導管理、培養創意發想、維持正面思維……的技巧，用實例説明如何在決策時善用「二八理論」、「SWOT分析」、「破窗理論」、「服務品質五構面」、「55／38／7溝通密碼」、「Maslow需求理論」等常聽到的術語，我更喜歡分享的是電影、寓言故事，甚至麻將桌上教我的人生哲理，希望這本兼具理論、實務和我職場奮鬥故事的書，大家會喜歡！

最後特別致謝1111人力銀行集團林文雄總裁，謝謝他在知道我出書計畫第一時間就表達肯定以及想與我合作的意願，他很認同我想出一本職場勵志的書，以及我貫穿全書的理念：正面能量帶來正面力量；善惡終有報只是時候未到；只要追求卓越成功自然會來敲門。相信我站在巨人的肩膀上，不僅能看到更遠、更美的世界，也能共同幫助更多莘莘學子、社會新鮮人和對自己職涯發展有期許的中基層主管，找到自己的定位、強項、自信和方向！

1

PART

我的爹娘與我

我的個性，說好聽點是「好勝」，更直白的說是「輸不起」。一直到讀大學時，我還會因為spotlight沒有打在我身上而生氣。直到經歷人生各個階段，遇到許多意外的磨練，我開始懂得謙卑，明白適時將光芒讓給別人，與人分享燈光的大智慧。

Chapter 1

被當男生養的小公主

身上還穿著媽媽幫我新做的衣服，媽媽指著大樹說：「爬上去！」不服輸的我，二話不說便往樹上爬，薄柔的蕾絲裙被粗糙樹皮扯破、鞋子也因尺碼大了一號而掉落一隻，但，這些都沒讓我停下來，一直到爬到大樹枝上。當我開懷地等著樹下媽媽為我鼓掌，站在樹下的她卻張開雙臂說：「跳下來……」

我的童年是在台北市社子島長大，父親是湖南人，每天要到陽明山上的國安局上班，母親是台灣人，除了在家照顧四個小孩，也接些裁縫活兒貼補家用。

我出生時，父親已經五十歲，因為是在三個兒子之後第一個女娃兒，打從誕生，他就極其寵愛，以至於小時候，我不知道世界上有人會怕爸爸。

我的三個哥哥歲數大我很多，最大的哥哥在我出生時已經十一歲，小哥哥也已經小學二年級。回想起來，爸爸對女兒的寵愛簡直已經到了「中國二十四孝」的境界，他曾經怕蚊子叮咬女兒幼嫩的肌膚，脫掉上衣、光著臂膀，讓蚊子先吸飽；寒流來襲的冬夜，當我還在燈下溫書，他先窩進我被窩，把被子烘暖。

不僅如此，爸爸知道女兒「不喜歡輸的感覺」，和我玩象棋，即使已經讓了車、馬、炮或是雙車，還是得故意輸局。有一次，小哥哥「不小心」贏了，我任性把棋盤、棋子推倒一地，小哥哥氣得一星期不理睬我，當時，小小心靈開始有些明白，不是每個人都對自己的任性買單！

和三個哥哥一起長大，感覺就像住在「男生宿舍」，為了讓自己不被排擠，我不僅要學會麻將，還得熟練撲克牌各種遊戲，舉凡橋牌、大老二等遊戲，當哥哥「三缺一」時，我都能上場。此外，想和兄長打成一片，當然要先學會用「哥兒們」講話的方式；至於哥哥們有興趣的，我都會去認識、甚至研究，因此，從小我能擠在哥哥們中間，一起看籃球賽，拿著加油棒，幫哥哥們支持的棒球隊加油！正因為如此，我雖然始終是爸爸萬般呵護的小公主，但身上卻有些男孩子氣。

不同於爸爸的寵愛，母親卻是把我當男孩子養。

媽媽其實沒有受很高的教育，但在我眼裡，她是位有智慧的哲學家。某次颱風過後，路上許多樹木傾倒，我挨在媽媽的身邊，小心地走過馬路，媽媽突然指著樹旁不起眼的小草，說：「妳看，樹都倒了，這些小草卻還好好的。」媽媽喜歡帶我接近大自然，我們時常一起去爬山，當辛苦走完上坡路來到下坡路段，她會說：「下坡是不是比上坡好走了？」不只如此，在夏日大太陽曬得人發昏時，媽媽對我說了《伊索寓言》裡「北風與太陽」的故事。

我至今都還記得，那天，我穿著媽媽為我新做的蓬蓬裙，母女手牽手走在大草坪散步，當我發現前方有棵大樹，興奮地甩開媽媽的手，跑到樹下，張開稚嫩的雙手環抱

「樹爺爺」，媽媽走上前來笑著說：「敢不敢爬到樹上去？」好強的我怎麼能忍受「不敢」二字的刺激，奮不顧身地往樹上爬，柔薄的蕾絲裙襬被粗糙樹皮扯破、鞋子也因尺碼大了一號而掉落一隻，但是這些都沒讓我停下來，直到站在大樹枝上。當我開懷地等著樹下媽媽為我鼓掌，站在樹下的她卻張開雙臂說：「跳下來！」我猶豫了一下，媽媽又說：「別怕，我接著妳！」帶著笑，我從樹上一躍跳進媽媽的懷抱裡。

時光匆匆，幾十年光陰轉眼過去，當年爬樹的小女孩早已長大，但那一年，媽媽張開雙臂要女兒勇敢從樹上跳下來的堅定笑容，還有，女孩站在樹上，如同站在巨人肩上所看到的遼闊世界，畫面一幕一幕，清晰得就像昨天。

如今，我已明白，當年，媽媽要女兒爬樹，為的是教會我「勇氣」；要女兒從樹上跳下來，則是告訴我「信任」的重要；樹與小草的故事是要我懂得「謙卑」。這樣特殊的教育方式，讓我之後的人生，儘管遇到許多挫折與挑戰，每一次都能選擇相信人性，也因為我對他人的信任，很多原本不可能的事情發生了，也讓我幸運地得到許多「貴人」的即時幫助。

★職場加分金句：

1. 人生就像爬山，下坡容易上坡難。

2. 颱風能將大樹連根拔起，渺小而平凡的小草，在大風大雨中卻反而能平安地度過，看似弱不禁風的小草面對困難，竟能比強壯的大樹有力量。

3. 鼓起勇氣爬到樹上，才知道站在巨人肩膀上看到的世界，格局是不一樣的。

4. 相信媽媽會接住我，所以從樹上跳下來，這讓我學會信任別人，而這也讓我在往後人生的道路上，遇到許多貴人。

Chapter

2

第一名spotlight熄滅時

國三那年，每次模擬考成績，落點都在北一女，原以為十拿九穩能上第一志願，沒想到竟掉到中山女高，過度的自信讓自己遭遇重大挫敗。放榜那天我躲進衣櫃裡放聲大哭，那一瞬間，一直以來聚攏在我身上的spotlight毫無預警瞬間熄滅，眼前一片黑暗……。這是我人生一個重大挫敗，幸好，我向來不服輸，擦乾眼淚、走出衣櫃那一刻，告訴自己，我要贏回來……

讀書這件事，我可能真的有些天分，但「第一名」的spotlight並非從一開始就聚攏在我身上。

五歲應該讀幼稚園大班的年紀，爸媽安排我提早就讀小學一年級，因為年紀實在太小，不僅聽不懂台上老師說的、同學聊天也插不上話，一整天在學校渾渾噩噩，一年下來連「上學」究竟是怎麼一回事都沒搞懂，於是，當同班同學都升上二年級，我被「留級」重讀一年。

「留級」重讀的那一年，可能腦筋開竅，也可能是覺得丟臉而奮發用功，總之之後的我脫胎換骨，像打通任督二脈般，不管是數學、國語等學科，就連音樂、美術等表現樣樣了得，成績永遠是班上前兩名，一天到晚上台領獎。當時學校規定，考試成績第一名是班長、第二名是副班長，國小六年，我因為成績保持在前兩名，所以不知道「平民」的感覺是什麼？走在校園像是自帶spotlight，永遠是別人注目的焦點。

上國中後，我成績依舊名列前茅，國三那年，學校的每一次模擬考，成績落點分析都是第一志願北一女，老師、父母、同學，就連我自己都覺得自己一腳已踏進北一女。驕傲讓人盲目，周遭的讚美讓自己過度自信，最終遭遇求學階段第一個重大挫敗，放榜時，只考上中山女高，雖然也是很好的學校，但是當時的我根本無法接受。

我躲進衣櫃裡放聲大哭，那一刻spotlight熄滅了，黑暗中，我深刻體會挫敗的滋味原來這般苦澀，臉上的淚水除了羞愧，更多的是不甘心。幸好，我向來不服輸，心中暗自向命運、向那些考贏我的同學宣戰：「還沒完，你們等著，三年後我要連本帶利贏回來！」

擦乾眼淚，我跨出衣櫃，在書桌前寫下讀書計畫與目標。經過三年的努力，大學聯考放榜，我考上台大經濟系，是我們高中該屆學生中考得最好的一個，我成功的讓曾經熄滅的spotlight重新亮回來。

回想起來，求學過程，讓我走路有風的spotlight，有那麼幾次毫無預警地熄滅，我很慶幸，自己能調整心情，在挫敗中激勵自己重新出發。我想分享一個自己很喜歡的小故事：

從前有位國王，他擁有一枚世界上最珍貴的鑽石戒指，他想，如果能在鑽石下藏一個訊息，一個在絕望時可以派上用場的訊息，那麼這枚戒指將更有價值。

國王找來國內所有的賢達智者，幫他完成這個心願。但因為訊息是藏在戒指裡面，文字必須很簡短，因此沒有人辦得到。國王失望地向身邊的老僕人抱怨，老僕人聽了，對國王說：「陛下，我是沒受過什麼教育的人，但我有您想要的這個訊息，這是當年先王一位神祕朋友給我的。」老僕人將訊息放入戒指中，要求國王必須身處絕境時才能打開。國王照做了。

一段時間之後，敵軍犯城，國王輸掉戰爭、騎馬逃亡，眼看前是懸崖、後有追兵，當敵軍馬蹄聲愈來愈近，國王萬念俱灰，正準備跳下懸崖，突然想到藏在戒指裡的訊息，國王打開一看，上面寫著：「一切都會過去」。

看了這個訊息之後，國王突然感覺四周安靜下來，不可思議的，原本愈來愈近的追兵馬蹄聲竟往另一個方向去，逃過一劫的國王，集合他的軍隊回家，人民看到國王平安歸來，舉國歡騰，皇宮也舉辦了盛大的慶典。

正當國王為百姓如此愛戴他自豪高興之際，老僕人悄悄地來到國王身邊，輕聲地對國王說：「請您再看一次訊息。」國王納悶道：「我現在是贏家，人民正在慶祝我的歸來，這不是絕望的時刻，我不需要訊息。」老僕人堅持地說：「此刻，您更需要看那個訊息。」

拗不過老僕人的堅持，國王又把戒指裡的訊息打開讀了一次：「一切都會過去」。再一次，國王感到周遭瞬間安靜下來，他的驕傲消散了。

老僕人對國王說：「沒有任何事物和感受是永久的，就如同夜晚與白天、歡樂與絕望彼此取代。這些都僅是生活的一部分。」

★職場加分金句：

1. 自信很好，但太過自信卻容易誤判形勢，變成驕傲，終至失敗。
2. 不怕**spotlight**突然熄滅，這是調整心情，重新出發的最好時機。
3. 一時挫敗，不代表永遠失敗，只要不放棄，還是有贏回來的時候。
4. 絕望之際告訴自己：「一切都會過去！」人生風光之際，更要告訴自己：「一切都會過去！」

Chapter 3 一場病，戰狼變溫柔了

醫生宣布檢查結果的瞬間，診療室外原本吵雜人聲霎時停止，腦海裡規劃好的精彩人生，畫面像被人用美工刀劃破，畫面裡每個燦笑的我，臉部表情因刀割而扭曲歪斜。我無法相信，這樣的不幸竟會發生在自己身上，我不停的問：「為什麼是我？」諷刺的是，厄運降臨的這天，竟是我的二十二歲生日。

大學時，我和班上三個同學成為莫逆之交，一樣來自中產階級的家庭，有同樣的成長背景、價值觀相近，聊天談心頻率相通。我們四人對於「盡一己之力為國家做貢獻」有著共同的熱忱，升上大三後，面對未來的人生方向，大家有志一同想攻讀新聞研究所，用手上的「筆」來改變台灣。

一開始我的目標是出國留學，爸媽知道後很開心的支持。我順理成章地開始收集並準備留學資料，每天都為即將實現的留學夢雀躍不已。某天，小哥哥走進房，一陣東拉西扯的閒聊後，故做輕鬆的說：「小妹啊！妳這麼會讀書，何不考國內研究所就好？出國留學，媽媽可能要賣房子幫妳籌學費啊！」

小哥哥摸摸我的頭走出房門，我呆坐椅子上，想起媽媽曾說，不管是大學、碩士甚至是博士，女兒能讀、她就一定供應，當作是給女兒的嫁妝。因為有媽媽的承諾，這一路上我沒有後顧之憂地往前直衝，從來沒有想過學費是否會成為家人的負擔。小哥哥的話將我拉回現實，我問自己：「為了夢想，可以繼續自私下去嗎？」

就這樣，我放棄出國留學，和同學一起報考政大新聞所，這是當時國內分數最高的新聞所，和同學到補習班報名後，我啟動考前苦讀模式。我的讀書態度向來是平時三分準備、七分玩樂，考前緊抱佛腳、全力衝刺。準備研究所考試的那一年多，除了到校上課之外，我每天早上八點就赴學校圖書館K書，一直到晚上圖書館關門；回到家，一邊吃媽媽為我準備的宵夜，一邊讀爸爸幫我收集的各報社論，洗完澡，再讀到凌晨兩點半，日日如此，總算皇天不負苦心人，順利考進政大新聞研究所。

未來的日子該是多麼光明美好，直到一日，我開心地把自己裝扮得美美的，準備出門玩樂，卻在戴隱形眼鏡時發現右眼異常刺痛。接下來幾天，遍尋各大名醫，不僅查不出原因，病症也絲毫沒有改善。三個月後某天睡醒，右眼紅腫且出現複視，我緊急到台大醫院求診，經過一連串X光、超音波、斷層掃描等徹底檢查，醫生告訴我，腦子裡右眼後方長了動靜脈畸形瘤，由於血管瘤位置壓迫眼睛第六對運動神經，因此造成複視。

醫生宣布這個噩耗時，診療室外吵雜人聲霎時停止，腦海裡原已規劃好精彩人生的所有美好畫面一個個破碎，像是被人用美工刀一刀一刀劃破，畫面裡每個燦笑的我，臉部表情因刀割而扭曲歪斜。我不能接受，這樣的不幸沒有理由發生在自己身上，我不停的問：「為什麼是我？」諷刺的是，這一天還是我的二十二歲生日……

住院十八天，經歷許多治療的痛苦後回到家，我把自己關在房裡，每天睡醒便打開收音機，對著窗外流淚，我因為眼球移位容貌變形而不敢照鏡子，也拒絕朋友探視，好不容易考上的研究所也辦了休學，好勝的我在那一刻被病魔徹底打敗，絕望地想著：「這樣活著做什麼？死了算了！」

我知道爸爸為此擔憂不已，也知道媽媽因為懷疑女兒的病可能是先天因素而自責流淚，但我依舊躲在房間，任由悲傷憤怒吞沒自己。終於，大哥看不下去了，他撞開房門對著我大罵：「唐玉書，妳知不知道妳這樣爸媽有多擔心？妳覺得自己是全世界最可憐的人，那生下來就沒有手沒有腳的人怎麼辦？他們那麼努力活下來，妳比他們擁有更多，有什麼權力放棄？」

哥哥的話把我從悲傷的深淵一把拉起，隔天，當家人都出門工作，我走出房間，既然不能看書也不能看電視，那就做家事吧！我把衛生紙摺成小方形，輪流遮住左右眼，避免複視干擾，晚上，我第一次為家人做了晚餐，並且和家人一起吃飯。

那天起，我積極求診問醫，不放棄任何康復的機會，親朋好友介紹的醫院或民俗療法，再遠我都去，「當你真心渴望某件事，全世界都會聯合起來幫助你」，這句話說得一點都沒錯，當決心找回健康的自己，我的症狀慢慢獲得改善，外貌也逐漸恢復，能重回學校唸書，最後以兩年半的時間拿到碩士學位。

二十二歲這場病讓我受盡煎熬，也徹底改變我「戰狼」的性格。生病前，我認為努力就一定能成功，所以不懂得體諒失敗的人；生病前，我認為人就是要努力前進，所以不懂得珍惜周圍家人與朋友的關愛。生病後，我明白自己在面對命運的變故時，並不比別人高明，體會到自身能力的侷限；生病後，我更明白那些讓我自豪的「成功」，並非我生命的全部，能夠被愛擁抱，才是生命最大的幸福。

★職場加分金句：

1. 哀傷的人不會採取行動，所以不要陷入絕望的泥沼，永遠給自己正面的信念前進。

2. 「當你真心渴望某件事，全世界都會聯合起來幫助你」這句話是真的。

3. 生命最大的幸福，不在於有多成功，而是能在愛裡生活。

2 PART

人生轉折點——勇敢，讓自己的舒適圈無限寬廣

二十年換了二十二個工作，每一次的原因各自不同，但抱持的信念都一樣，那就是「勇敢」走出熟悉的環境，用「智慧」做出當下最適合自己的「選擇」，因為我相信，當舒適圈擴展到宇宙無敵大時，走到哪裡都能舒適自在。回首每一次的離開，我深感當你有勇氣去放開那些你不能改變的事情時，是生命中很幸福的時刻。

Chapter

4

二十年換二十二個工作不是我故意的

二十幾年前，還是社會新鮮人，偶遇一位面相家，他斷言我五十歲前會退休，當時，我心想：「怎麼可能？又不是含金湯匙出生。」從新聞界、電視購物台、行銷公關、飯店總經理到花蓮縣觀光處長，橫跨產、官、學、媒領域，多年來不斷累積經驗，勇敢面對不熟悉的環境，四十六歲生日，我決心從職場退下來那一刻，突然想起面相家當年的預言……

翻開我的工作史，精彩程度連自己都覺得不可思議。二〇〇〇年正式進入職場，一開始在新聞圈，期間待過中視、真相、華視、年代和中天電視台，主跑交通部、航空、旅遊、觀光，歷練文字記者、主持和主播等職位。四年後我離開新聞圈進到東森購物，當時正是購物台最輝煌的年代，東森購物一天營業額高達一億元，我在東森購物台四年的時間，兩進兩出，一開始只是個小小的、最基層的專員，離開時已是經理職，創下專員離職兩個月，連跳六級回聘成為經理的記錄，且是全公司最年輕、未滿三十歲的經理。在七千人的集團內過關斬將，成為集團接班人計畫第一名，預計三年內被培育成為副總。

正當意氣風發之時，天不從人願，二〇〇八年集團經營生變易主，儘管公司有留我一個位置，但我斷然決定離職，開始闖蕩江湖。接下來的四年內，我換了九個工作，橫跨醫學美容、公關行銷、生物科技、電影文創、教育、舞台劇、資訊科技等七個產業。這個階段內，任職最久的是在正崴集團下的崴嘉科技，待了一年一個月；其餘工作從一周到數月不等，連我媽都搞不清楚我上班的公司名稱和工作地點，過程雖然起起伏伏、漂泊艱辛，但我在這個階段激發了自己的潛能，持續累績經驗實力、整合人脈關係，更重要是確認自己的職場偏好，原來我不喜歡自行創業、適合在集團式大公司任職。方向與目標更加明確。

二〇一一年，我因在111人力銀行投遞履歷進入雲朗觀光集團，八年時間調整四個職位，創下公司內部一年內從協理升上處長的紀錄；而短短一年兩個月，從五星飯店副總升任五星飯店總經理，也是過去沒有人做到的事。到目前為止，我仍是媒體人出身而能做到知名五星飯店總經理的唯一一人。

二〇一八年我勇敢接下挑戰，在徐榛蔚縣長的延攬下，進入花蓮縣政府擔任觀光處長。初期，面對公部門特殊的官場文化與辦事流程，讓我充滿挫敗，深覺像隻誤入叢林的小白兔；但我期勉自己能力越強、責任越大。儘管短短十個月官職生涯有委屈、有無奈、有淚水、有汗水，但站在巨人肩膀上可以看到不一樣的世界，我無怨無悔！

除了這些工作之外，我也在中華人事主管協會、文化大學推廣教育中心、國立暨南大學、國立東華大學、台灣觀光學院、華梵大學、醒吾科大、開南大學等學校或單位教書，另外也擔任過一些私人公司的顧問、受邀到各公協會或扶輪社團演講。

二十年換了二十二個工作，每一次的原因不盡相同，但抱持的信念都一樣，那就是不害怕走出熟悉的環境，堅信當舒適圈擴展到宇宙無敵大時，走到哪裡都舒適自在。

離開校園，頂著高學歷進入新聞圈，迎接我的是一連串從未遭遇過的「不堪」。由於我大學讀的不是新聞系，並不具備足夠的專業能力，例如播報新聞的語調、電視台新聞稿的撰寫方式等等，我曾經將滿意的新聞稿交給長官後，眼睜睜的看著長官將它丟進廢紙簍；更有長官把我的稿子剪得支離破碎，當面重組指正我的錯誤。

體內流著「戰狼」血液，我不輕言認輸，努力研究每一條新聞的切入點、撰稿方式，按著長官的教導不斷練習；下班後也認真唸報紙，錄音請前輩指正自己的播報語調。不只如此，雖然我做的是文字工作，但也逼著自己去操作剪接機，學習獨立完成一則電視新聞（SOT）。無奈的是，學會所有技能不代表就能成為一位好記者，當初進入新聞圈，希望能用報導伸張社會公義，但當時台灣特殊的媒體生態，新聞內容被收視率綁架，記者常被迫去追一些羶色腥報導。記得某年一架貨機不幸墜機，我被派守在罹難副駕駛家門前，為的是達成長官要求：「問問家屬的心情如何？」

能進入新聞圈是經歷打敗病魔、擊退死神的艱辛過程，但短短四年，我便毅然決然的轉身離開。除了接受事實，承認自己無法改變大環境，轉身前，其實是經過冷靜地以SWOT自我分析。

所謂SWOT 即優勢（Strength）、劣勢（Weakness）、機會（Opportunity）與威脅（Threat）。前兩者「優勢」與「劣勢」著重在分析自我的「內部」狀態；後二者「機會」與「威脅」則是「外部」環境狀態分析。

從這四個面向分析當時我在新聞圈發展的狀態：「優勢」是學歷算漂亮、表達能力可以、口齒清晰、反應快。「劣勢」則是入行晚，不符合當時流行的美女主播形象，而且當時太年輕，不懂經營人際關係，長官緣不好。

我的記者時期照片

至於「機會」這個面向，當時適逢解嚴不久，媒體業蓬勃發展、百家爭鳴，只要同一家電視台待久了自然會有一片天。但不可否認的「威脅」是，記者的薪資水準已大不如前，更重要的是，台灣媒體羶色腥風氣漸甚，已逐步喪失過去的新聞自律和新聞道德。

經過理性的「SWOT科學分析」，再觀察新聞台長官過的生活，確定那並非自己未來想要的，我毫無懸念的送出辭呈。留下與離開，都需要智慧與勇氣！人生永遠都是「選擇題」，而非「是非題」，沒有對與錯，只有適不適合！

工作價值觀測驗

你以為想要的其實沒有這麼想要？什麼樣的工作條件才是你最在乎的？

【掃描 QR CODE 立即測驗】

【網頁版】https://www.hollandexam.com/WorkValues/

★職場加分金句：

1. 當你努力讓自己的舒適圈擴展到宇宙無敵大時，走到哪裡都舒適自在，就能勇敢面對職場每個轉折。
2. 有勇氣放下那些你不能改變的事，是生命中很幸福的時刻。
3. 善用**SWOT Analysis**，從優勢、劣勢、機會和威脅四個面向自我分析，做出正確決定。
4. 試著觀察長官的生活形態，若那不是你未來想過的日子，不如華麗轉身、轉換跑道。

Chapter 5

小白兔勇敢擴大舒適圈，電影《動物方城市》的啟示

我和所有人一樣，在職場上遇到委屈，會難過流淚，不一樣的是，我的「狼性」會在淚水流盡後化為一股「不服輸」的行動力，打破身邊所有「唐玉書不行」的批評。想要從「不行」到「很行」，必須一次又一次跳脫舒適圈，就像電影《動物方城市》裡的小兔子茱蒂，去做，夢想才有實現的一天。小白兔勇闖叢林，開頭雖是離開舒適圈，結果卻是讓舒適圈變得無限大！

我在二〇一一年進入雲朗觀光集團工作，從事飯店業八年時間內調整四個職務，從總部公共事務處協理、處長到日月潭雲品酒店副總，再到花蓮翰品總經理，八年時間，我的管理職由底下四個人，最多時曾達三百五十人，這是我職涯中很重要的歷程。

擔任雲朗集團公共事務處處長時，憑藉著過去累積的公關經驗與人脈，以及按部就班的安內攘外策略，不到兩年，我對工作已經十足十的掌握，即便很緊急的突發狀況，我也能一通電話搞定，再加上長官的信任、同儕和下屬的支持，讓我成為媒體圈津津樂道的轉型成功者！

但是沒過多久，我漸感乏味，才四十歲的「壯年」啊，就這樣進入退休節奏嗎？於是我積極向長官爭取調到第一線磨練的機會。我爭取職務異動的消息在公司傳開後，幾乎所有人心裡都犯嘀咕：「唐玉書不行。」原因很簡單：「第一線打仗不僅僅是行銷、公關和活動，更重要的是要懂餐飲和住房，是需要拿真實數字說話的『戰場』。」那一刻我明白了，長久以來自豪的工作表現，其實並沒有被真心肯定，原來在大家眼裡，唐玉書只是一個每天打扮得漂漂亮亮，腳踩高跟鞋、能言善道的女生，「能把集團形象門面顧好，不代表能到第一線打仗」。

「唐玉書不行」這句話激發我體內輸不起的「狼性」，別人越不看好，越要證明自己可以！整整三年的時間，利用自評考績等各種機會，不放棄向長官表達赴第一線磨練的意願。終於，二〇一五年，公司給了我到日月潭雲品酒店擔任副總的機會。

正當我整理行囊，準備到日月潭就職時，「叮咚」，電子信箱傳來正式派令，打開一看，「副總經理」職稱前竟多了「行銷公關活動部」幾個字，前後順序不同不僅僅是排列組合，代表的可是公司組織表上位階的高低呀！心中的喜悅瞬間消失，取而代之的是羞辱與不甘心，「唐玉書真的不行嗎？」我委屈得大哭，立即向長官抗議，但已經公布的人事派令，怎可能因為我那幾滴眼淚而改變？

朋友為了安撫我的情緒，拉著我去看電影。那是一部動畫片《動物方城市》，主角是隻叫茱蒂的兔子，從小立志當維持社會正義的刑警，警官學校畢業後到警察局報到，但蠻牛警長看她模樣嬌弱，便派她去當交警，茱蒂雖覺委屈受辱，卻沒有因此放棄自己的夢想，透過不斷努力，終於幫警長偵破了大案，能力也得到大家肯定，如願成為一名真正的警察。台下的我看著電影，感覺自己就是茱蒂，此刻雖不被信任又如何？只要不放棄，一定可以靠自己的能力證明一切！

抵達日月潭雲品溫泉酒店後，我僅花三個月的時間就做到上層要求的「行銷公關活動部」ＫＰＩ，當時飯店的餐飲主管正好出缺，我再次毛遂自薦提出接管餐飲部的意願，這一次，長官終於點頭，原本只管理五十個人的「行銷公關及活動副總」，在接管餐飲業務後，管轄人數擴及二百人。

如果說這一切，都只是要「證明自己可以」，未免也太過衝動。沒錯，這當中我確實冷靜地以前一章所說的「SWOT科學分析法」進行自我分析：

「S」優勢（Strength）：

在雲朗集團總部時，不乏參與並瞭解旗下飯店餐飲部報告的機會，加上多年來建立的公關資源，對於未來推廣行銷餐飲業務有極大助益。

「W」劣勢（Weakness）：

因為缺乏餐飲經驗，也沒有自己的班底，不被眾人看好。

「O」機會（Opportunity）：

當時台灣流行頂級婚宴，雲品酒店除了宴會廳，還有頂樓酒吧，可以打造極具特色的婚宴場地。另外，中彰投頂級餐飲消費市場萌芽中，努力即有機會。

「T」威脅（Threat）：

雲品的地理位置離市區較遠，且消費門檻較高。

經過SWOT的分析後，我認為自己雖然沒有實際的餐飲經驗，但過去的工作，接觸餐飲的機會不少，這個劣勢並非不能克服；至於雲品地理位置與消費較高的部分，我有自信可以靠著我的人脈與辦活動的能力，順利解除威脅，為公司帶來業績。

2015年擔任雲朗觀光集團公共事務處處長，要以實力證明「我可以」！

接管雲品餐飲部之後，每天都相當忙碌，前一天為了人脈關係應酬到深夜，隔天早上六點就到餐廳外場支援，協助收盤子、帶位，甚至到廚房內場和洗碗阿姨一起擦盤子。記得那年除夕夜，飯店客滿，我去協助收廚餘和分類餐具，結束時才發現自己的雙腳都站麻了，幾乎無法行走。累歸累，但內心卻很滿足和充實。

重組雲品餐飲部組織並建立分層負責的作戰團隊後，我成功帶動了團隊良性競爭的榮譽感與向心力。雲品餐飲部業績連續數月均達標，餐飲部同仁每季都能領到業績獎金，就連洗碗阿姨也被加薪，這是過去從來沒有過的紀錄。終於，我靠著努力，向大家證明——「誰說唐玉書不行！」

當你像小兔子茱蒂一樣，懷抱成為警察的遠大夢想，卻被派去指揮交通時，別急著哭，也不要生氣。試著這樣想：超乎你想像的奇蹟正要展開，不要放棄！

★職場加分金句：

1. 想要從「不行」到「很行」，必須一次又一次離開舒適圈，去做，夢想才有實現的一天。

2. 小白兔勇闖叢林，開頭雖是離開舒適圈，結果卻是讓舒適圈變得無限大。

3. 別人越不看好，越要證明自己可以。

4. 事情不如你預期時，試著這樣想：超乎你想像的奇蹟正要展開，不要放棄！

Chapter 6

危機就是轉機，亂世時讓自己成為那個英雄

性格中的「狼性」，讓我在遇到危機時，少有退卻，甚至能情緒高昂地正面迎戰。即便最後失敗，過程中累積了寶貴的實戰經驗，從中獲得重要的啟發。多年後，我更加確信，危機就是轉機，所謂「亂世出英雄」，不怕危機，怕的是沒實力。

「危機管理」無疑是所有管理者最大考驗，比起太平盛世，艱難時期更能看出領導人的實力。面對打擊，我體內的狼性總激勵自己用積極態度往前，不只求生存，更企圖在危機中創造奇蹟。

自我在雲品擔任副總開始，我有一個不為人知的祕密，那就是每天傍晚或清晨跑步時，總會刻意行經競爭對手飯店附近，從他們停車場停放的車輛，瞭解對手的住房率高

或低？散客多或少？看到停放的遊覽車，我會特地跑到車前看看是哪個單位的旅遊團；有時候還會偽裝走進對手飯店內，探查餐廳有什麼團體訂席餐會，收集完相關情報，隔天晨會上立刻要求業務同仁前往拜訪對手的客戶。不服輸的狼性，讓我不放棄任何獵物。

離開日月潭雲品酒店後，我調升花蓮翰品總經理，儘管在我上任之前，飯店沒有一個月達成該年預算目標，但是我很快的讓一百五十個員工「各就各位」，改變舊思維、帶領全館動起來，不到兩個月，花蓮翰品即達預算要求，並以「六連霸」之姿，準備迎接二月的寒假旺季。

正當飯店業務順風順水發展之際，突然山搖地動、天崩地裂，台灣史上最嚴重災難之一的〇二〇六大地震無預警地發生，一夕間風雲變色，花蓮瘡痍滿目。該晚，正在飯店九樓熟睡的我被震醒，房內冰箱「碰」地一聲摔到地面、浴缸的水溢濺地板、洗手台上的瓶瓶罐罐碎裂一地，還來不及整理房間，我立刻換裝趕到大廳，此時，飯店櫃台前被人潮擠滿，人人都是一臉驚恐。

不等我下令，飯店已全員出動，一方面瞭解房客是否平安，一方面安撫擠在大廳的旅客心情，忙亂中，新聞突然出現「花蓮翰品倒塌」的快報，我從畫面影像發現，媒體誤將統帥飯店外觀錯認為花蓮翰品，半夜三更，我等不及總公司公關部門對外澄清，立刻一一打電話給電視台、報社等媒體主管請求更正。我常說，凡走過必留下痕跡，過去長期經營的媒體人脈關係在這時發揮功效，某位正在處理新聞的電視台高層在接到我電話後好意告訴我：「消息是從消防署發出來的。」找到源頭，我立刻致電澄清並請求更正，終於趕在天亮前即時終止不利謠言繼續傳播，成功防堵更嚴重的負面效應產生。

還來不及睡覺，天剛亮，飯店開始瘋狂接到取消訂房的電話，但我下令同仁照單全收，並沒有馬上著手挽救公司業績，因為重大災難發生時，如果只顧個人利益，容易引發社會輿論反感。因此，在總公司支持下，花蓮翰品加入救災行列，以公益行動做行銷，建立正面形象。當時因為已經有很多旅館飯店提供房間給災民使用，為避免資源重複浪費，花蓮翰品選擇提供房間給救災人員使用，一位救災人員事後向雲朗集團致謝時說：「全身濕透、精疲力盡、餘震不斷，但一走進翰品，頓時鬆了一口氣，舒服的房間讓我和夥伴都能安穩休息，為明天救災繼續努力。」

我是媒體出身，加上平時保持與媒體之間的密切互動，很快地，當媒體需要採訪花蓮當地業者的心聲時，第一個想到的就是我。取得媒體發言權後，我並沒有大力行銷花蓮翰品，反而掌握「先救災、再振興」的原則，提升眼界高度，行銷花蓮整體觀光，追求產業面攜手共好。當時我與立榮航空、金軒閣旅行社發起「一人一宿愛花蓮」特惠機＋酒專案，並且上電視政論節目告訴外界，花蓮需要的不是物資或捐款，百分之九十的花蓮人仰賴觀光為生，大家都想靠自己的雙手打拚，希望大家能對花蓮有信心，「一晚不嫌少、十晚不嫌多」，請大家以實際行動支持，前來旅遊，讓花蓮經濟盡快復甦。節目播出隔天，花蓮知名的喜品家乳酪蛋糕店送蛋糕到飯店給我，說是謝謝我說出花蓮人的心聲。

果然台積電、台塑等大企業帶頭支持傅崑萁縣長，紛紛到花蓮舉辦員工旅遊，我也邀請熟識的企業和名人、網紅，如當時東森和八大的當家主播陳海茵、石怡潔、水晶主播王宜安、知名媒體人李傳偉、知名美食家梁幼祥、日商富地滋、泰山集團、牛頭牌鍋具……等，前來花蓮旅遊表達支持，帶動全國花蓮旅遊的風潮。隨後，我又透過媒體好友成功爭取主辦寶可夢Ingress活動，不僅上千玩家聚集花蓮，並成功讓花蓮的十八條旅遊路線，在擁有四百五十九萬粉絲的網頁上持續曝光。

由於地震屬正常能量釋放的天災，我評估只要有足夠誘因，還是會有較理性且對價格敏感的民眾願意來花蓮旅遊，因此說服總公司，破例於農曆年期間推出超殺住房優惠，相較於其他飯店寧可「惜售」也不願降價破壞市場價格，花蓮翰品勇敢改變傳統，讓當時幾乎被退光的訂房恢復到六成，是同時期整個花蓮飯店住房率的第一名。更重要的是，我讓原本很擔心會因沒生意而被裁員的翰品員工們，恢復了對公司的信心。

在階段性策略調整的積極應戰下，花蓮翰品全體員工上下一心，〇二〇六大地震不僅沒有砸了翰品的招牌，業績更是逆勢攀上高峰。那年十一月，我的財務主管很開心地跟我說：「報告總經理，花蓮翰品已經達到集團要求的年度業績，接下來每一天賺的都是我們自己的獎金。」

挺過〇二〇六天災，花蓮很快恢復往日旅遊勝地的繁榮，天災過後，花蓮翰品的同仁比過往更加團結且自信，而我這個小小的總經理，也許這段時間的表現算得上「可圈可點」吧，隨後被同業推任為花蓮觀光旅館商業同業公會理事長，緊接著更被縣長徐榛蔚延攬入閣，這些都是危機發生當下始料未及的發展。

經驗證明，面對突發狀況，除了堅守「逆勢思考、迅速反應」的原則，把握媒體發言權、善用心理戰術與行銷策略之外，最重要的就是「不畏戰」！怕，就輸了！亂，就完了！誰說生意人和大善人不能同時並行？現在回想起來，〇二〇六這場天災悲劇，向罹難者及其家屬致意之餘，也印證只要心存正念、按部就班，也可以賺了銀子又贏了面子！

【〇二〇六大地震後，致花蓮翰品同仁的一封信】

各位親愛的花蓮翰品酒店同仁們大家好！

〇二〇六強震發生至今，各位同仁們辛苦了！

不但要收拾家園、調整心情，還要堅守崗位服務客人，大家真的很棒、也很偉大，再次謝謝大家！

總公司也很關心我們，昨天已經派台北結構技師來花蓮翰品用精密儀器檢測全館結構，初步判定我們大樓的結構都很安全，請大家不需要擔心，後續的修復需要一點時間，也請各部門安心地按部就班一一完成，只要馬步蹲得好，就不怕外力的考驗！

在此期間，想要感謝各位優秀的主管們，很感謝亮哥這段期間送往迎來，努力在困境中搶客源、穩住住房率；謝謝Jerry、秋蘭和客務帥哥美女團隊持續做好客戶服務；謝謝珍珠和訂房同仁還有曉燕辛苦接電話和說明；謝謝芳華、月春、心華、小萬和所有辛苦的房務同仁們，不僅要盤點、復原還要努力勘災、清房；謝謝妙哥、James、Vicky、阿岬、泯嘉、Isa、雪貞、二姊、景美、志玲、寶寶，謝謝王主廚、小不點、杯蓋……和所有餐飲部外場及訂席同仁持續堅守崗位，接電話、服務客戶；謝謝王主廚、洪副主廚、向副主廚及所有西廚西點團隊和林主廚、良哥及所有中廚中點團隊，努力讓客人吃得開心並協助送便當和愛給救難人員和災民；也謝謝後勤同仁們，季朋和工務團隊忙進忙出，為了水、為了勘災、為了搶修而努力；志民和總務採購團隊辛苦協助機動調整叫貨、盤點清理；婉庭及財務團隊協助對盤和處理後續保險和出險事宜；崔柳及人資團隊協助人力的管控、同仁身心平安健康的關懷；Sherry 和行企團隊持續對外發布正面且正確的訊息，並協助館內外的行銷對口、公關事宜，穩定經營翰品小管家 Line 群組；當然還要特別感謝大夜同仁，事發當晚真的很辛苦！

也感謝〇二〇六當晚自動自發趕來現場協助安頓客人並循檢館內的主管和同仁們，你們無私及奉獻的精神令人欽佩，跟你們共事是我最大的榮幸和欣慰！

雖然我也很害怕，但是我會陪在各位身邊走過這段艱辛的日子，不論這段蕭條且艱辛的日子有多長，我們一起攜手度過，希望可以把苦日子盡量縮減！

既然飯店結構安全無虞，請工務盡快進行房間的修補，以免生意量進來的時候，房間不夠賣；其他各部門也趕緊收拾害怕和悲傷的心情，努力調整心態和腳步至最佳狀態，我們要為自己、家人、同仁和花蓮的好山好水繼續努力下去！

後續我已經想好了幾階段的振興活動，一人一宿愛花蓮會是主軸，幾波段帶入客源，我們一定要先恢復到能夠接單的狀況，要不然一切都是白費唷！

業績無法七連莊沒關係，其實在我們心中，我們自己知道二月一日光審視 on hand 的部分，我們二月的業績早就達成。

各位主管和同仁都是最棒的！讓我們一起忘記過去悲痛，努力創造並朝向光明未來吧！

這段時間我都會待在花蓮陪伴大家，有任何問題或需要協助之處都歡迎大家告訴我唷！

地震第一時間因為統帥跟我們外觀類似，造成媒體和網路誤傳，對我們造成很大的傷害，還好過去我任職媒體，也很快在第一時間請各媒體澄清，包括各電視台、蘋果日報和飛碟電台等等，也引進 ETToday、蘋果等媒體入住，填補損失的住房率。

有機會上媒體，我也推出「一人一宿愛花蓮」行動，雖然我不是土生土長的花蓮人，但是因為有你們，我把花蓮當作我自己的家。

〇二〇九晚上我受邀去上中視新聞兩岸一定旺節目，節目側錄連結如下，歡迎各位同仁有時間可以參考一下，大約從四十分開始才輪到我們業者講話，希望有把各位的心聲表達出來。https：//www.youtube.com/watch?v=SKywnSD0tK0

總公司和盛總提出的公益活動，捐贈餐盒和免費供紅十字會和張榮發基金會救災人員入住，也讓花蓮翰品的品牌形象更向上提升，再次謝謝各位的辛苦付出，我相信終會苦盡甘來！期待很快我們就可以一同品嘗甜蜜的果實！

我愛大家！大家一起繼續加油吧！

天佑台灣！天佑花蓮！

總經理 唐玉書 敬上

【〇二一二花蓮六大公會聯合聲明】（由我代花蓮六大觀光公協會執筆的公開信）

花蓮不幸遭逢巨大地震天災，花蓮縣六大公協會為受災戶及罹難者致哀，更向其中兩位堅守岡位至生命最後一刻的服務同業致敬，也感謝中央政府、花蓮縣政府各級長官以及海內外各界救災團體、善心人士不眠不休的救助，以及公、民營企業單位慷慨解囊的捐助善款和物資，我們誠摯祈求天佑台灣！天佑花蓮！

但就在身處花蓮的我們努力與時間賽跑忙救災、忙安頓災民，努力調整害怕、悲傷心情重建家園並守護花蓮的同時，看到網路上陸續出現危言聳聽的地震謠言，我們真的心如刀割，人飢己飢、人溺己溺、將心比心，我們情何以堪？

我們沉痛的呼籲，目前網路上出現之各項預報若屬正確，請政府盡速進行相對應的撤離作為，積極保護花蓮居民的人身安全；但若預報非正確，也請政府發揮公權力，即時遏止傷害花蓮的謠言繼續在網路散播和發酵。

最後，期盼社會各界能以正面態度面對這場屬於正常能量釋放的天災，以行動支持花蓮！台灣是一個小而美的寶島，大家的生存息息相關、唇亡齒寒，沒有人可以置身事外，面對困境，唯有靠團結、愛和關懷才能夠讓大家共好，一起攜手迎向更美好的明天！

花蓮縣觀光協會、花蓮縣觀光旅館商業同業公會、花蓮縣旅館商業同業公會、中華民國民宿協會全國聯合會、花蓮縣民宿協會、花蓮縣休閒旅遊協會敬上

★職場加分金句：

1. 面對危機不管成敗，都能累積寶貴實戰經驗，從中獲得重要的啟發。

2. 危機就是轉機，不怕危機，怕的是沒實力。

3. 操之過急的利益盤算只會讓人反感，造成負面效益。

Chapter

7

如果想遇到伯樂，自己得先成為千里馬

不管是賽跑、旅行，都有一個目的地，我們在每個職涯不同角色裡不停努力累積實力，最後的目標又是什麼呢？是財富？地位？還是名聲？所謂「修身、齊家、治國、平天下」，對我來說，若能為國家做事，讓這塊土地因為我的付出而變得更好，這是何等榮耀！

二〇一九年十二月，我做了一個重大的決定，接受花蓮縣長徐榛蔚延攬，進入縣政府擔任觀光處長，從私人企業走入公部門。這樣的重大轉折必須從我的成長背景說起。

當父親還是十三、四歲的少年郎時便投筆從戎，歷經抗日剿匪的濃煙滾滾與烽火無情，後隨國民政府撤退來台。當我還是個小女娃，依偎父親懷裡入睡時，發現他胸口兩個小窟窿，當時父親驕傲地告訴我，那是打仗時，被子彈打中留下的疤。那一刻起，父親在我心目中就是無人可以取代的英雄。

及至我長成「少女情懷總是詩」的年紀，同年齡的玩伴愛看瓊瑤纏綿悱惻的愛情片，我追的卻是《八百壯士》、《英烈千秋》、《梅花》等愛國電影，螢幕上主角為國犧牲的情節，看得我熱血沸騰、慷慨激昂，心生「有為者亦若是」之慨。

我在二〇一八年六月就任花蓮翰品總經理一職，維持一貫「分層負責」的行事風格，不會自我膨脹以為「公司沒有我不行」，也不會為了刷存在感，什麼事都親力親為，因此飯店即使有貴賓到訪，只要沒有特殊狀況需要協助，就信任代班人處理。如此，三個月過後某一天，代班人突然急急忙忙地跑來說：「總經理，大事不好了！」原來花蓮立法委員，也是縣長夫人徐榛蔚前日來館內參加活動，離開時不經意說了一句：「你們總經理都來三個月了，我還沒見過她！」

在這裡我想建議讀者把書暫時闔起來，先別急著往下看，想想看，如果自己遇到這個狀況，會怎麼處理？

首先，「什麼事都不做，等委員下次蒞臨飯店時再出面道歉」，這做法太過消極且不禮貌，絕對NG。其次，我猜想也是絕大多數人會做的，那就是立刻拿起桌上電話，打給立委解釋；或者趕緊把禮盒帶上，第一時間衝到對方辦公室致歉。但這兩種反應其實都太過老套，且不一定能解決問題，一來委員行程滿檔，臨時致電或直衝辦公室極可能撲空，冒昧拜訪也凸顯自己做事欠周詳，二來更可能讓對方覺得你小題大作、誤以為他心胸狹窄。

那麼，當時我是怎麼做的呢？我像是搜尋關鍵字一樣，先在腦中搜尋「中間人」——想到徐榛蔚立委辦公室主任，恰是之前推動花蓮觀光時，已建立不錯交情的朋友，立刻致電告知對方這個狀況，從主任口中知道，委員關心社福議題，會在閒暇時關心花蓮畢士大育幼院院童。於是，我靈機一動告訴主任，花蓮翰品今天會以徐榛蔚委員的名義，贈送一百份點心到育幼院給小朋友。

隨後，花蓮發生前所未有的天災〇二〇六大地震，危機沒有打倒我，步步為營的策略讓我賺了銀子又贏了面子，獲選花蓮縣觀光同業公會理事長後沒多久，花蓮翰品也宣告提前兩個月達成全館年度業績目標。也許是這些小小成績有傳到縣府吧，徐榛蔚縣長當選後，竟邀約與她並無私交的我入閣，我的人生也因此有了戲劇般的轉折。

我記得，約談當天，縣長問我是否願意和她一起為花蓮更好的未來打拚？受寵若驚之餘，提及雲朗觀光的長官們對我十分照顧，沒想到徐縣長竟然迅速拜訪雲朗觀光集團張安平執行長說要借將。執行長問我真的願意投入公職嗎？我毫不思索回答：「修身、齊家、治國、平天下，我們讀這麼多書就是期待有朝一日可以報效國家！」被外界譽為愛國文人企業家的張安平先生聽完後，立刻給我無限祝福，當時我的直屬長官盛治仁總經理也以自身經驗給我許多鼓勵。比起財富、地位、名聲，「能為國家社會做些什麼」更是我職涯奮鬥的終極目標。我的朋友都要我「想清楚」；疼我的長官也憂心地告訴我：「不習慣，歡迎隨時回來」，但是當時我想到的是父親胸膛上兩顆子彈的疤痕，深感能為國家做事是何等榮耀！

常聽人抱怨自己懷才不遇，一次懷才不遇是懷才不遇、兩次懷才不遇可能也是懷才不遇吧？但三次懷才不遇，那就肯定不是了。當你覺得自己懷才不遇時，先問問自己究竟還欠缺什麼。別忘了，想要遇見伯樂，自己必須是那匹千里馬才行！在我人生中，幸運多次遇見伯樂，在此藉本書謝謝我的伯樂們：李傳偉董事長、周繼鵬副總裁、吳慧真營運長、王令麟總裁、趙怡副總裁、林枝輝總經理、李慧珊處長、馬效光總監、曾貴蘭資深副總、張安平執行長、辜懷如董事長、盛治仁總經理、陳惠慈總經理、徐榛蔚縣長、顏新章副縣長、張逸華秘書長（以上依本人職涯順序排列）。

〈自我經營〉

唐玉書

花蓮翰品酒店總經理

（網路照片）

追求卓越 效法三個傻瓜

■宋健生

「追求卓越，成功自然會來敲門！」這是剛升任花蓮翰品酒店總經理唐玉書，看完印度電影《三個傻瓜》後的感想，並以此做爲人生座右銘。

其實，推敲唐玉書的工作經歷，媒體人出身的她，13年前選擇歸零從頭開始，如今跨界五星級酒店並升任總經理，「追求卓越」、不斷自我充實，也正是她成功轉型的主要關鍵。

紮好馬步 拓展人脈

唐玉書自台大經濟系畢業後，再取得政大新聞碩士學位，現爲中國傳媒大學廣告博士班博四生；她曾任中天等電視台氣象主播、文字記者，東森購物自營品牌行銷經理、正崴旗下崴嘉科技公關經理、雲朗集團發言人、雲品酒店副總經理等職。

唐玉書指出，擔任主播及記者的階段，讓她增廣見聞，也拓展不少人脈，而這些貴人，都是人生及職涯中最大的資產。

在一個採訪場合，唐玉書巧遇時任東森購物發言人及公關副總的前主播李傳偉，當場向他毛遂自薦，順利進入東森購物，當時東森購物非常夯，一天的營業額高達1億元。

在那段期間，唐玉書快速學習到公關專業技巧及商業組織運作模式。雖然從基層專員做起，必須遵守公司許多規定，包括打卡等，這對習慣自由的記者來說，真是一個很難接受的關卡。

但是唐玉書努力蹲低、紮好馬步，認爲不論是企業或者個人，一定要深耕自己的利基（Niche），才有致勝機會。

唐玉書人生的最大挫折，就是在離開東森購物之後，自認爲應該可以找到不錯、又可發展的公司和職務，不巧又遇到金融海嘯，以致於一年多處於失業狀態，讓她開始懷疑是不是自己的能力有問題。

不過，唐玉書沒有氣餒，先是自行創業成立整合行銷公司，接著進入崴嘉科技擔任公關經理，之後再到雲朗觀光集團，從公共事務處協理做起。

在雲朗觀光集團擔任公共事務處主管五年，一直擔任幕僚工作，唐玉書明白對很多人來說，她只是一個能言善道、踩著高跟鞋、打扮得漂漂亮亮的「公關」。

帶領團隊 展現專業

一般人對公關的印象以及專業能力有疑慮。唐玉書選擇勇於面對，還經常前往各處演講或授課，希望讓更多人明白公關的專業度。

後來，她也決定離開舒適圈，主動爭取到營業現場歷練。去年4月1日，唐玉書調任日月潭雲品溫泉酒店副總經理。

這段期間，唐玉書獲得總經理陳惠慧的充分授權，規劃推出第一屆「雲品趣味小三鐵」，吸引60人參賽，也爲雲品成功拓展爲企業舉辦團隊共識活動（Team Buiing）的市場。

另外定調雲品每年三部曲：花之都、水之都、泉之都的主題，呼應集團義大利三大飯店（弗羅倫斯「睿莊」、威尼斯「雲水之都」、羅馬「AROMA」）特色，讓雲品有屬於自己獨特的風格，也活化雲品特有戶外活動場所「名人坡」的利用率。

花蓮翰品酒店是全球第一家幾米主題五星級飯店，2017年獲全球最大旅遊評論網站TripAdvisor評選爲全球最佳親子飯店第一名，也是唯一獲獎的亞洲飯店。

唐玉書表示，接任總經理後，未來將透過媒體強力宣傳曝光，把花蓮翰品酒店跟親子做更深的鏈結，建立親子飯店的第一個導品牌。

另外，雲朗觀光集團和花蓮翰品酒店已連續第三年贊助花蓮國際賽事「太魯閣馬拉松」，她也希望藉此將花蓮翰品的精神和特色發揚光大，擁有蒙德里安特色外型及幾米「擁抱」主題，想要散播的就是愛：愛自己、愛家人、愛朋友、愛地球！

2017年轉任花蓮翰品總經理時，經濟日報半版報導

透視職場力測驗

行行出狀元，找到屬於你的那一行了嗎？用測驗發掘最能發揮自我長才的職業，幫你立刻躍升成千里馬。

【掃描 **QR CODE** 立即測驗】

【網頁版】**www.1111.com.tw/174554/**

★職場加分金句：

1. 如果想遇到伯樂，自己得先成為千里馬。
2. 一次懷才不遇是懷才不遇，兩次懷才不遇是懷才不遇，三次懷才不遇就肯定不是懷才不遇。
3. 當你覺得自己懷才不遇時，不要急著怨天尤人，先檢視自己還欠缺什麼。

3 PART

關係從麻煩開始，善用二八法則

要成功，人脈的累積是第一關鍵，公關界有句順口溜：「有關係就沒關係、沒關係就找關係、找關係就有關係、有關係就沒關係！」在我擔任花蓮翰品酒店總經理時，需承擔集團中秋月餅業績，我靠著平時累積的好關係，只在個人臉書PO文，訂單就如雪片般湧入，全館兩千盒月餅的業績目標很快就達標，同仁只要負責後續的服務和出貨即可。這說明了人脈即錢脈，表面上靠的也許是電話和臉書，正確來說是平常建立起來的「信任關係」。

Chapter

8

不需要彎腰九十度，重要的是三百六十度的公關技巧

台灣某餐飲集團曾因要求服務生對客人九十度鞠躬引發話題，並帶動餐飲界對服務的重視，但SOP的笑容和話術究竟能產生多少效益？在我看來，你可以不用九十度的鞠躬，但絕不能少的是三百六十度的公關技巧，這涵蓋「向上公關」、「平行公關」、「向下公關」、「外部公關」，不只層面要廣，誰能分寸拿捏恰到好處，力求細膩完美，誰就能勝出。

我的原生家庭，父親是把我當小公主呵護的「現代二十四孝」、母親則是充滿哲學家智慧地把我當男孩養，另外還有三個年紀大我很多的哥哥，男生宿舍般的成長背景，讓我性格豪爽，一方面不像許多女孩那樣扭捏作態；另一方面也能像獨生女任性耍賴不討人厭。

我承認，二十八歲那年，決定認真經營「人脈存摺」後，時而豪爽、時而驕縱、時而撒嬌的性格確實幫了大忙，但是，光靠這個優勢，並不足以建立「有厚度」的關係，因為，關係深淺的關鍵在於分寸拿捏和細膩度，必須暫時收起我的「狼性」，好好發揮「娘性」特質！

說到建立關係，很多人第一個想到的就是「灑錢」送禮，這個方法有用嗎？先說一個故事：我有一個閨蜜，某次在開紅酒時，不小心被彈出來的軟木塞打到眼睛，她先生開玩笑地要她近期別出門，免得人家說她被家暴，電話那頭傳來閨蜜這段離奇的遭遇，我在笑到肚子痛的同時，已經網購了一支電動開瓶器寄到她家，閨蜜收到後感動得不得了，但其實這支開瓶器價格不過幾百元。我想告訴你的是，比起「錢」，更重要的是「看見別人的需要」。

我每天至少花一到兩個小時瀏覽朋友圈的社群媒體，瞭解他們的近況，例如：發現W好友從捷運上摔下剛開完刀，立刻訂了滴魚精宅配到她家；不經意刷到L好友愛吃鯧魚，下次餐會時會特別準備白鯧魚給他。此外，資訊分享也是很好的公關工具。像是減重健身的報導，傳給正在控制體重的朋友；財經類資訊傳給對理財有興趣的朋友；教育相關文章則分享給正為親子問題頭痛的朋友……，這些動作一方面帶給朋友幫助，同時讓朋友知道你把他們的事放在心上，而這樣的關係建立，不用花一毛錢，經營「貴人」不一定很貴！

在飯店業服務的那幾年，超強記憶力幫我記住重要客人的需求，也讓我的公關經營比別人多了細度和溫度。像是有人喜歡喝可樂，當他入座，我便請服務生送上可樂；有人只喝威士忌，那一餐我不會只開紅酒；其他像是不吃牛、不吃兩隻腳、嗜吃辣或是對海鮮過敏等等，掌握賓客飲食習慣的「祕密」，也是讓對方因被尊重而對我產生好感的訣竅。

過去台灣某餐飲集團要求服務生對客人九十度鞠躬曾引發話題，並帶動餐飲業對服務的重視。但我始終覺得ＳＯＰ的笑容遠不如發自內心的真心微笑；千篇一律的應對話術背得再怎麼滾瓜爛熟，客人也難從中感受溫度。所以我不跟風追求九十度的鞠躬，在我看來，職場更需要的是三百六十度的公關技巧。

什麼是三百六十度度的公關技巧？這包括「向上公關」、「平行公關」、「向下公關」（以上屬「內部公關」）和「外部公關」，誰能分寸拿捏恰到好處，力求做到細膩完美，誰就能勝出。

面對長官，我的忠告是要謹守「老二哲學」，不要強出風頭、功高震主，恭維長官前，先看看一旁還有誰，「總經理，這間公司沒有你就完蛋了！」這樣一句話，對總經理很受用，但一旁陪同、實際執行任務的副總聽起來可能就很不舒服。

至於跨部門合作的平行公關，為了打破一開始彼此的心防，可以主動先把「主角」的位置讓出來，鎂光燈不一定要打在自己身上，「吃虧就是佔便宜」。別人感受到你的友善，未來才有機會讓別人成為你的綠葉，共創合作雙贏。

「向下公關」的部分，我的習慣是每到一個新環境擔任主管，第一件事便是請人事單位提供團隊的人資表並做一對一面談，深入了解他們的個性、專長、職涯想法和家庭背景，雖耗時費工，卻讓我能做到人盡其才，同時也令下屬備感重視及關心，願意全力追隨。

「外部公關」應對進退中常出現的「名片」，是建立關係中很重要的一個「媒介」，從中可以找到「連結」，不管是「姓氏」、「畢業的學校」，甚或是辦公室地址，都可能找出關聯性，我會特別在名片上註明這些關係線索，以作為下次再見面的話題。此外，為了加深對方印象，初識當天，不論回家多晚我都會傳訊息告訴對方：「很高興認識你，希望未來能有更多機會見面」。

有人喜歡用開玩笑展現自己的幽默感，相對於「開別人玩笑」，自嘲可能安全一些，畢竟你永遠無法知道對方心裡是否介意。講笑話前最好環顧一下在場有哪些人，如果有身形較為福態的，就別講胖子的笑話；知道有人正歷經婚變，就別碰觸婚姻話題，免得怎麼得罪人都不知道。餐敘前，我通常會準備幾則笑話放心裡，適當時機唱作俱佳地「表演」出來，一來展現幽默炒熱氣氛、二來也讓人印象深刻。以最近討論度超高的偶像男星婚變事件為例，當大家在餐敘上熱烈討論時，我就說道：「有個青年問禪師：連XXX都離婚了，是否愛情根本不存在？禪師微微一笑，指著天空一隻鳥對青年道：看看牠，你就明白了。青年參詳許久，若有所思道：大師的意思是否是說，只要像這隻鳥一樣高度夠高，就能看到不一樣的角度？大師閉上眼睛（我也閉上眼睛，停頓一下）道：非也！我的意思是——人家離婚關你鳥事！」接著通常就能引來一陣哄堂大笑。最後，提醒你，準備的笑話或話題，盡量避免政治和宗教等意識形態，比較不會弄巧成拙。

儘管我不是含著金湯匙出生、沒有背景、沒有靠山，但我憑著三百六十度的公關技巧，不需要鞠躬哈腰、逢迎拍馬地彎腰九十度，秉持害人之心不可有、防人之心不可無，以及不卑不亢的原則，還是能在職場中闖出屬於自己的一片天！

★職場加分金句：

1. 發自內心的真心微笑，強過SOP的笑容和美麗話術。
2. 關係的深淺，關鍵在分寸的拿捏和經營的細膩度。
3. 經營關係，要學會看見別人的需要與在意的事。
4. 面對長官，謹記「老二哲學」，不可強出風頭、功高震主。

Chapter 9 要成功，人脈的累積是第一關鍵

「關係」可說是公共關係（PR，Public Relationship）的根本。我任職日月潭雲品溫泉酒店副總經理，這是我第一次從總公司調往營運現場，該年的中秋節，營運現場需承擔集團中秋節月餅業績，但受限地理位置，雲品的月餅單價在南投當地偏高，銷售較為困難，同事們為此傷透腦筋。這時，我腦中閃過幾個「人名」，幾通寒暄電話過後，我個人的業績就已經超過九百五十盒月餅，順利幫助全館快速達成任務。

台灣企業普遍不重視PR人才，相對於技術專業、財務甚至是業務，公關部門被認為是花錢的單位，不僅在人事升遷上難以得到肯定，在某些較傳統的產業內，甚至會被視為「花瓶」，「靠一張能言善道的嘴，把黑的說成白的」，真的是這樣嗎？

我人生「賣月餅」創下的最好成績是在隔年，當時調往花蓮翰品酒店擔任總經理。這次我的成績更進階，電話還沒打，只在個人臉書PO文介紹集團的月餅，訂單就如雪片般湧入，同仁忙著協助後續服務和出貨，全館兩千盒月餅業績目標迅速達標。這說明了「人脈即錢脈」，表面上靠的也許是電話和臉書，正確來說是平常建立起來的信任「關係」。

我剛踏入社會時，並不明白「建立人脈關係」的重要性。和現在很多年輕人一樣，當年我頂著高學歷進入職場，相信成功靠的是「努力」和「能力」，以為花力氣「建立人脈」無非是想「靠關係」成功，年輕時的我不屑於做「公關」，認定沒才華的人才需要靠關係。因為抱持這樣的想法，初期新聞工作充滿挫折，不僅在公司不被長官重視，採訪表現也只能眼睜睜看著同業輕鬆拿獨家。

決定離開新聞圈時，先以SWOT自我分析，評估只能先轉向企業公關發展，由於當時手上沒有任何人脈資源，我只好上網以關鍵字搜尋媒體人成功轉任企業公關的典範，發現了「李傳偉」這個名字，我認真研讀他的資料，知道他之前在華視擔任記者、主播，退休後轉任當時紅極一時的東森購物公關部副總暨集團發言人，正是我想追隨的目標對象。才煩惱著如何與李副總聯繫上，天助自助者，隔幾天我竟在一場記者會上巧遇他，我興奮地拿著名片上前，以小粉絲之姿告訴他：「我是看著您播報新聞長大的……」，同時也告訴前輩：「我之前也在華視待過」，最後記者會結束時，我再次上前毛遂自薦，打算向李副總學習，離開媒體界往公關行銷領域發展，並誠懇的請託：「如果有機會，希望李副總提拔。」

因為事前做足功課，短暫的聊天中，讓李副總對我留下好印象，當下就邀約我提供個人履歷，我也如願順利轉職。

隨後幾年，我跟在公關大師李傳偉身邊學習，瞭解了「關係建立」的重要和法則，從SPA女王吳慧真身上則學到兼具男性豪爽和女性細膩的社交能力，同時也明白建立關係所需付出的努力。你可能不相信，不管是時間或是心力，都不比在專業技術的培養輕鬆（下一章將提到建立關係的方法）。當「靠關係」這三個字在我心中除罪，我改變態度，告訴自己一點一滴積累「人脈存摺」，一定要讓自己「有關係可以靠」。一個城市有六個朋友，六個人串在一起，就能幫助自己找到需要的關係、對象、關鍵人。

很多年輕人認為，下班後是自己的時間，不願意「浪費」時間應酬。事實上，餐會是很好交心並拉近距離的媒介，畢竟餐桌上氣氛不像辦公室緊繃，可以更容易看出彼此特質和優缺點。所以，正在事業衝刺期的我永遠是白天和夜晚一樣精彩，雖然很累，但是我也因此認識了很多知心又有義氣的好友，讓我如倒吃甘蔗般業績滿滿、步步高升。其實，不只是聚餐，假日的登山、球敘或是讀書會等社交活動，我都建議要打開心門踴躍參與，如此一來，手上的「人脈存摺」不知不覺將越來越富足，無形中，自己也將成為別人「人選名單」上經常會跳出的名字。

回過頭來看，當初如果不是「靠關係」，我或許只能把履歷丟到人力銀行被動等待機會；又或許，如果我在找到「李傳偉」這個名字之後，沒有認真做功課，並且把握機會勇敢毛遂自薦，這個關係也無法幫我創造機會。萬事具備獨欠東風，經營人脈最重要的關鍵是個人魅力，不要批評人膚淺，每個人都是如此，Good Looking 或 Distinctive Personality 的人總是佔優勢，我雖沒有沉魚落雁之姿，也不追求名牌，但卻努力把自己當成「名牌」經營，流暢的口條、幽默的談吐、得宜的裝扮、幹練的形象、親切的笑容，「唐玉書」這個品牌遞出的名片，要令人印象深刻、成功行銷創造好感度和知名度，一環扣著一環，才能從關係中創造成功。

明白「人脈」、「關係」的重要之後，我對每張「名片」、每個「握手」都更加重視，多年努力經營之後，「人脈存摺」累積了豐富的資產，成為我人生每個階段、面對每個挑戰的重要資源。最後提醒你，千萬不要急於領取「人脈存摺」裡的獲利，太過短視近利，給別人負面觀感，不僅前面的投資可能歸零，還可能因此反目，被當作拒絕往來戶，那可就得不償失了！

過去，我的座右銘是「努力追求卓越，成功自然會來敲門」，現在，我更篤信「一個人獨行走得快，一群人同行走得遠」。不然，你以為一個人賣兩千盒月餅是怎麼辦到的？

★職場加分金句：

1. 有關係就沒關係，沒關係就找關係，找關係就有關係，有關係就沒關係。
2. 人脈即錢脈，表面上靠的也許是電話和臉書，正確來說是平常建立起來的信任「關係」。
3. 關係不會憑空到手，建立關係需要很多的累積和付出。
4. 一個城市有六個朋友，六個人串在一起，就能幫助自己找到需要的關係、對象、關鍵人。
5. 一個人獨行走得快，一群人同行走得遠。

Chapter 10

別怕麻煩，麻煩是破冰的開場式

先考你一個選擇題：一、走到女孩跟前直接稱讚女孩漂亮，二、假裝問路請求幫助。如果男孩想搭訕認識漂亮女生，採取哪一種方法，成功機會更高呢？

過去因為工作關係，時常得出國，我習慣把車子開到朋友位在機場附近的公司，拜託他幫忙安排停車，當我回國取車時，必定送上一份特別為朋友準備的伴手禮表達感謝。家人覺得我這樣做非常沒有邏輯，因為我送給朋友的禮物，價錢往往是停車費的好幾倍，與其花錢又麻煩別人，何不把車停在機場的停車場就好？

用常理判斷，我的做法確實莫名奇妙，但這其實是有原因的。我有一個信念：想和別人建立或增進關係，與其坐等緣分，不如主動出擊，先找一個既不麻煩、對方又舉手之勞做得到的事「麻煩」對方。

以借朋友公司停車這件事來說，停了幾次之後，朋友偶爾也會開口託我為他帶國外才有的東西回來，關係就在一來一往、一點一滴中更加深厚，等到我回國取車，我們便順道相約喝下午茶聚會聊天。

仔細回想，生活中有許多透過「麻煩」來「破冰」的開場。舉一個例子，應酬場合，大家圍坐一桌，為了打破尷尬，我會刻意跟鄰座小姐說：「麻煩妳把前面那瓶胡椒罐轉過來給我好嗎？」無傷大雅地「麻煩一下」，就是互動的開始。再以男生搭訕漂亮女生為例，有經驗的情場高手一定知道，「假意問路請求幫忙」，效果絕對比「直接走到女孩跟前稱讚女孩漂亮」更好。

我的職涯裡有八年的時間在雲朗集團任職，對飯店業來說，最怕遇到的就是客訴案件，尤其可能走上法院的糾紛更是麻煩，但是我靠著「二八法則」，不僅成功處理客訴案件，甚至和對方從對立變為朋友。

所謂的「二八法則」即柏拉圖法則，也被稱為「關鍵少數法則」，簡單解釋就是：百分之八十雖然是大多數，但另外的百分之二十卻往往是關鍵少數，操控著整個局面。以飯店的客訴案件為例，十個客人，頂多兩人會提出不滿意的客訴，但是如果你覺得這兩人是少數而不予理會，其後果可就不堪設想。

擔任日月潭雲品酒店副總時，某銀行跨業聯誼團前來旅遊，退房時有一、兩位客人對房間不滿意，更糟的是有人於投宿期間，騎飯店腳踏車意外骨折。我接到消息時，團客已離館，第一時間向長官報告後，透過旅行社查到該團行程，火速帶著每人一份的小禮物趕往午餐現場，除當面向全團鞠躬致歉，更承諾必定會妥善處理後續事宜。

隔天一大早，我信守承諾北上向該團意見領袖J協理致歉，隨後，再帶著水果前往慰問受傷的客人。接下來，我每天都致電或簡訊問候受傷的客人，每一次的對話也都如實回報J協理，讓對方知道處理進度。

處理客訴時，受傷那一方的語氣和態度肯定不會太好，我也很不喜歡面對這種「麻煩」，但既然身為主管，我責無旁貸，我告訴自己一定要以同理心讓對方感受到飯店的誠意，避免二次客訴或媒體客訴產生。協調慰問金金額時，雖然一開始雙方提出的數字相差四倍之多，我還是盡力斡旋，簡訊問候及進度回報沒有一天中斷。幾周之後，受傷客人終於簽下和解書，我記得客人的太太當時跟我說：「如果不是妳，我們絕對不會接受這樣的和解條件。」

表面上看起來，為了一個人，我花了百分之八十的時間和心力處理；但實際上，這個案子如果沒有處理好，走上興訟一途，對集團形象的傷害，未來可能要花數倍的時間和力氣、甚至金錢來彌補。

以「二八原則」處理客訴案件，花的是百分之八十的心力搞定百分之二十的麻煩人和麻煩事，但「看重麻煩」、「不怕麻煩」，才能改變原本對立的關係，建立彼此間的信任。事實上，該次客訴事件之後，我和J協理成為好朋友，即使事情過了許多年，至今仍時常聯絡。

麻煩即是破冰的開場，一點也沒錯！

★職場加分金句：

1. 以無傷大雅的事情麻煩對方，是很好的「破冰」方法，也是建立關係的開始。
2. 與其靠緣分建立關係，不如主動「製造」機會，讓彼此「有關係」。
3. 二八法則即是搞定這百分之二十的麻煩人和麻煩事，創造的效益絕對超過百分之八十。

Chapter 11

不要大小眼，小人物也有影響力

中學時，讀到戰國四公子孟嘗君「廣招賓客，食客三千」心生嚮往，我進入職場後，不自覺地效法其「雞鳴狗盜，來者不拒」來廣結善緣。其實背後更重要的原因是，提醒自己不可以大小眼——一來這是父母從小的教導，二來避免樹敵。也因為我從不大小眼，幾次危急之時，靠的正是小人物的「神救援」，才順利度過難關。

我的個性有些「俠女」性格，國小六年級就看完金庸十四部武俠小說，書裡各個角色裡最喜歡的是蕭峰。金庸筆下的蕭峰有勇有謀、義薄雲天，時常豪氣萬千地與天下英豪及幫內兄弟不分貴賤，大口吃肉、大口喝酒，我後來的好酒膽跟他多少有些關係。

中學時，戰國四公子孟嘗君的故事，也讓我覺得很有意思。話說孟嘗君率領眾賓客出使秦國遭軟禁，孟嘗君求秦王寵妃幫他說情，寵妃開出條件，必須將天下無雙的「狐白裘」送她，這可急壞孟嘗君，因為狐白裘在抵達秦國時就送給秦王了。這時，一位同行的門客站出來，說他有辦法，原來這位門客擅長鑽洞取物，用現代話說，其實就是個「賊」。這位門客順利偷出狐白裘，送給寵妃後，秦王果然同意放孟嘗君回去。孟嘗君一刻不敢多待，連夜啟程，半夜到了函谷關，因城門必須等清晨「雞叫」才開，大家出不了城，孟嘗君的另一個門客此時忽而學起雞叫，因為學得太像，附近的公雞也跟著叫了起來，守城門的士兵雖然覺得奇怪，但也就依照規定把城門打開，於是，靠著「雞鳴狗盜之士」，讓孟嘗君順利逃回齊國。養士千日用在一時，就是這個道理。

過去在電視台工作時，採訪的都是檯面上的大人物，但我對門口的警衛、辦公室的秘書，也一定大哥長、大姊短地寒暄問候，從不怠慢。因為對我來說，檯面上的大人物固然需要花力氣建立關係，但大人物身邊的小人物，其影響力更是不容小覷，所謂錦上添花不稀奇、雪中送炭才讓人記長久。

我相信多數人心中認定的新聞台採訪團隊，無疑就是攝影和文字兩人，但我認為，採訪車司機也是這個team的一員。所以，如果記者會有紀念品，我會幫司機大哥多要一份；行程若有飯局，我一定準備餐盒給司機大哥，不會忘了他。

長期累積的革命情感有一回派上用場。那次是桃園機場發生緊急事件，我必須從台北內湖火速趕赴現場，司機大哥豪氣的說：「妳唐玉書的事，就是我的事，包在我身上。」果然他一路狂飆，讓我二十分鐘內抵達機場，取得第一手畫面。要知道，即使是值勤途中，電視台司機被開罰單，公司也不會幫忙處理，所以這位大哥可是冒著被開單的危險「飆車」，讓我成為各台第一個趕赴現場的記者，順利完成長官交付的任務，這件事也印證了「小人物」的能力。

和大家分享一則笑話，更加驗證小人物的重要性。兩個食人族到某公司上班，老闆說：「如果你們在公司吃人，立馬開除！」三個月下來大家相安無事，突然有一天，老闆把這兩個人叫到辦公室大罵一頓：「叫你們不要吃人你們還吃，明天你們不用來上班了！」兩個食人族只好收拾東西走人，出門時一個忍不住罵另一個：「告訴過你多少遍，不要吃幹活兒的人，三個月來我們每天吃一個部門經理，什麼事都沒有，昨天你吃了一個清潔工，今天就被他們發現了！」

在現實生活中，也有真實案例。我家社區C警衛認真負責，也是幹活兒的人，因遭遇委屈被保全公司開除，結果沒想到社區管委會竟決定和保全公司解約，聘僱C警衛另組團隊承包社區業務。小警衛幹掉大公司，誰說小人物沒有影響力？

離開新聞圈之後，我很長一段時間擔任的是「服務」媒體的小公關。如同手指伸出來五根長短不一，媒體當然也有大小之分。影響力大或是資深的大記者，公關都得小心翼翼「伺候」，不能讓他們有絲毫不開心。但我不會因此怠慢了一般人眼中的小報或菜鳥記者，只要不是所謂的「丐幫」（假冒記者），伴手禮不分大小肯定都一樣，吃飯邀約也一定通通邀請，不讓記者朋友有被「大小眼」的不舒服感受。公關部門的同事不解，問我為什麼這麼費心？我說：「你怎麼知道他們哪天不會變成大報記者呢？」

後來我到日月潭雲品溫泉酒店任職，雲品因為地理位置較偏遠，從台中出發需要一個小時車程，因此，出席雲品公關活動的多半是南投地方記者。某一次，集團活動選在雲品辦記者會，我正擔心現場太過冷清，突然想起之前有位非主流媒體的記者，該年是記者公會理事長，立刻打電話拜託他出席，這位記者大哥二話不說號召記者同業們，包車從台中「殺」到雲品捧場，那場活動也因為這位大哥的幫忙，辦得風風光光。

十年河東、十年河西，小人物有朝一日也許也會變成大人物；大人物有影響力、小人物也有影響力，建立關係從「不要大小眼」開始！

★職場加分金句：

1. 千萬別小看大人物身邊的小人物，其影響力有時候會成為致勝的關鍵。
2. 錦上添花不稀奇、雪中送炭才讓人記長久。
3. 平時把別人的事放在心上，當你需要幫助時，別人也會跳出來成為你的貴人。

PART 4

有溝才有通，五構面缺一不可

會說話＝會溝通？有聽沒有懂、有溝沒有通，都會讓你的職涯之路走得相對艱辛。美國心理學教授亞伯特．梅拉賓（Albert Mehrabian）歸納出著名的「55／38／7定律」，他認為影響溝通成功與否的因素中，高達百分之五十五為非語言訊息，顛覆了一般人的想法。善用服務品質的五大構面：有形性、可靠性、回應性、保證性和關懷性，來提高自己的「溝通力」。化阻力為助力才能YYDS！（拼音 yong yuan de shen 縮寫，即「永遠滴神」，代表是最棒、最厲害的）

Chapter

12

關於溝通的神祕數字55／38／7

談到溝通，不得不提到加州大學洛杉磯分校（U.C.L.A）心理學教授亞伯特・梅拉賓（Albert Mehrabian）的「55／38／7」溝通法則，他強調，溝通技巧包含：肢體語言、音調及內容，其佔溝通成功與否的比例分別是百分之五十五、百分之三十八和百分之七，當你知道這三個數字分別對應的要素，恐怕要驚訝得瞠目結舌，大呼「Why?」

在我職涯的資歷表上有二、三十個頭銜，其中一個是「台灣神祕客服務稽核管理協會執行長」，該協會主要負責 CSIM 服務稽核管理師證照的培訓、審核和發放，因為這個職位，我經常受邀進行有關服務及溝通等主題的演講。對於許多人感到困擾的「溝通力」，我喜歡用 P Z B 服務品質管理 SERVQUAL 五構面來分析，分別是：「有形性」、「可靠性」、「回應性」、「保證性」和「關懷性」。

• **「有形性」**代表硬體、員工及外在溝通資料，周遭實體對顧客關心的外顯證明，如店面裝潢、員工制服、官網設計、商標、吉祥物等等。

• **「可靠性」**代表可靠且正確地執行已承諾顧客的服務能力，準時無失誤地完成服務工作。

• **「保證性」**代表員工的知識、禮貌，以及傳達信任與信心的能力。

• **「回應性」**代表協助顧客與提供立即服務之意願，避免造成不必要的負面認知產生。

• **「關懷性」**代表提供顧客個人化關心之能力，包括平易近人、敏感度高及盡力地瞭解顧客需要。

雖然 SERVQUAL 理論多半用來審視服務業企業端，但我認為用來分析個人溝通力也很恰當。在加州大學洛杉磯分校（U.C.L.A）心理學教授亞伯特・梅拉賓（Albert Mehrabian）所提出的「55／38／7定律」中，影響溝通成功與否的因素，僅有百分之七是訊息內容本身，另外百分之三十八是聲音與聲調，而佔比高達百分之五十五的竟然是與內容無直接關係的非語言訊息（亦有人譯為視覺）。我發現，用這五個構面來分析，可以清楚知道這百分之五十五涵蓋哪些重點。例如：長相、裝扮、氣質、談吐、肢體動作、禮儀姿態、專業能力、可信賴度等。

面對所有在職場上力求表現的人，我總是不厭其煩地強調「外表」——也就是「有形性」的重要，鼓勵他們掌握恰如其分的穿搭技巧，佛要金裝、人要衣裝是不變的道理。很多人對此不以為然，質疑：「不是每個人都那麼膚淺吧？」也有人會抗議：「難道帥哥美女就有優勢？」很遺憾的，我的經驗告訴我，多數人是「視覺」動物，忽略外表的重要，吃虧的絕對是自己。

當然，外表並非狹隘地指容貌帥氣、漂亮，而是強調把自己打理好，凸顯個人優點和特色。知名企業家嚴凱泰曾說：「一個人如果連自己的外表體態都顧不好，還能做得好什麼事？」其實就是這個道理。

在這個競爭激烈的殘酷世界，你給別人的第一印象，幾乎已經決定結果。卡內基也說，每個人只有一次創造第一印象的機會，所以下次出門前，要不要多花點時間管理自己的形象?!幾個原則與你分享，出席重要場合，西裝和套裝絕對不會出錯，越正式，衣服顏色可以選擇越深色，顯得穩重；如果不想太死氣沉沉，男生可以在領帶、袖扣、領帶夾、手錶上展現品味；女生可以在飾品配件或鞋子上凸顯個人風格。身為女性，我建議女主管上班時間可以配戴珍珠類飾品或柔美絲巾，圓潤有氣質又不會太高調；宴會期間，不妨選擇合身洋裝搭配設計款或鑽飾類配件，比較大氣高貴。還有一些搭配小技巧，上花下不花、下花上不花；對比色顯眼、相近色順眼；黑白色最百搭、大地色最高雅。如果你在傳產或相對保守的公司上班，髮色髮型請勿太搞怪、不要輕易嘗試水晶指甲或刺青、切忌穿牛仔褲等休閒服飾、絕對不能蓬頭垢面或衣衫不整，女生化淡妝就好，素顏嚇人或濃妝豔抹都不理想。不過如果你是在時尚產業、演藝藝文圈、科技產業或開放先進的公司上班，當然不在此限。

除了外表，洞察肢體語言也是掌握「有形性」的重點。為了讀懂別人「動作」所傳達出來的訊息，平日裡可以多涉獵心理學、姿勢學，甚至從推理類影集的劇情學習技巧。我記得，《CSI 犯罪現場》影集中說過，如果你問一個右撇子過去發生的事情，他的眼球飄向右方，代表他在說謊；反之代表說實話。

心理學研究還發現，人的器官離腦袋越遠越誠實，以此推論，腳是最不會說謊的部位，腳趾會指向人有興趣的方向。知道這個小知識後，每當發現對方臉雖朝向我說話，但腳卻朝著門口時，我會盡快總結並結束對話，因為對方此時已無心再聽，多說也只是浪費時間。而手心的方向意味著態度的傾向，封閉的態度手心多半向下、開放的態度手心多半向上。距離腦袋最近的臉最會說謊，所以常有人說皮笑肉不笑，要知道對方是不是敷衍的笑，可以觀察對方的眼睛，真心的笑連眼睛都會笑。其他還有皺眉、聳肩、撫摸脖子、重複對方話語、誇張地點頭等心理學統計的大數法則，在在幫助我成為敏銳觀察力的溝通高手。這也就是為何我出馬談判，幾乎都能讓對方說YES的祕訣。

也許你不相信，但姿勢還能決定「你是誰」。聽完哈佛大學社會心理學教授Amy Cuddy博士在TED的姿勢學演講後，我終於明白為何政治人物、演員都要花心思去訓練自己的肢體動作，因為五個擴展性高能量姿勢就能引領你走向成功之路，比如說將肩膀放寬、把手放置頭後等，只要兩分鐘，就能讓睪丸激素增加百分之二十，睪丸激素是與權力和支配相關聯的賀爾蒙。你可以在想要展現自信的時候試試看。

建立自己在「有形性」上的主被動優勢後，接著在對談中必須展現所謂「可靠性」與「保證性」所需的專業，讓對方產生足以安心的信賴感。「知識就是力量」絕對是每個人應該拿來提醒自己不斷自我充實的座右銘，讓言語傳達出知識內涵，成功「墊高」自己在對方心目中的地位。

舉例來說，對於桌上的美食，一般人的評語頂多是「好好吃」或是「難吃死了」，但換成美食家來評論，可以從飲食文化、食材的精神、調味的平衡到擺盤的美感一一分析。如果缺乏閱讀，談吐沒有內涵，即使外表打點得再完美，也可能淪為中看不中用的「花瓶」，在溝通上恐怕也難有好結果。

「回應性」和「關懷性」可以用熱情及溫度來闡述，你是不是發自內心想幫助他人？你的關心是不是流於表象？對方提出的需求你是否有即時回應？運用服務品質五構面，審視自己百分之五十五的非語言訊息表現是否合格，絕對能幫助你得分。

溝通密碼中佔比百分之三十八的聲音和語調，可以靠練習提升聲音魅力。例如咬字發音，自己在家多練習朗讀或繞口令都可以改善。當年我為了播報新聞，除了反覆聆聽前輩的播報，也會每天拿著報紙大聲練習，同行中有人更積極參加正音班呢！「聲調」、「口音」容易被拿來評價「文化水準」，所以如果你不希望別人貶低自己，發音務必練好；而現代人的語調多趨向平板冷漠，如果從事服務業，可能要在聲音表情中多加點熱情。快慢交錯、抑揚頓挫或適當停頓，都是抓住對方耳朵的聲音技巧。

美國《高速企業》（Fast Company）雜誌歸納出人氣王柯林頓的演說有三大技巧：

1. **善用快慢停頓技巧：**為了強調某些句子，他會刻意放慢說話速度，為吸引聽眾注意力，他會刻意停頓。例如：「請大家聽我說。（停頓）沒有任何一位總統，（停頓）包括我，（停頓）包括在我之前的任何一位前任總統，（停頓）沒有人可以完全解決所有的問題……」短短的一段話，柯林頓便停頓了四次。

2. **善用雙手：**柯林頓演講時，他的雙臂永遠是張開的，不僅展現出權威感，同時也讓人覺得可親近；但談到比較個人的話題時，則會在胸前擺出雙手合掌的手勢。

3. **會表演比說什麼更重要：**當柯林頓提出挑戰性言論時，會抬起下巴；當他談到令人沮喪的內容時，便會咬住下嘴唇展現出挫折的表情。

以上三點你學到了嗎？

雖然影響溝通中有高達百分之九十三都與訊息內容無關，但是牛肉在哪裡還是溝通最終的目標，訓練精準表達內容，可以先列出人、事、時、地、物，再把以上五者做流暢有邏輯的排列組合。

掌握溝通密碼，讓你有溝有通，輕鬆讓別人成為你的YES MAN！

九大職能星測驗

專業知識技能可以建設職涯，核心職能力帶你遨遊職場。你是適應力超強的工作者嗎？用測驗解析你的核心職能！

【掃描 **QR CODE** 立即測驗】

【網頁版】**https://assessment.1111.com.tw/cstar/**

★職場加分金句：

1. 準備一場溝通，不能只專注在你要說的，因為影響溝通成功與否的因素中，高達百分之五十五的是與內容無直接關係的非語言訊息。
2. 人是「視覺」動物，不能把自己打理好，吃虧的肯定是自己。
3. 讀懂別人的心，是很重要的開始，現在就開始累積這方面的經驗吧！
4. 說話有藝術，文辭表達精準優美，能讓別人對你刮目相看，有助成功的溝通。
5. 注意自己說話的聲調，別因為聲調太高，或發音不標準，壞了別人對你的聲音印象。

Chapter

13

掌握關鍵少數的七，端出牛肉，才能有效溝通！

亞伯特教授的「55／38／7定律」指出訊息內容僅佔有效溝通的百分之七，但這並不代表訊息內容不重要，還是要讓對方知道牛肉在哪裡。因此，每次溝通前，我會先把將表達內容的「人」、「事」、「時」、「地」、「物」五個關鍵找出來，反覆推敲用字，並且把要述說的內容練習到流暢，達到有效溝通。

儘管語言內容對於有效溝通的影響僅佔百分之七，但這並不代表內容可以貧乏空洞；相反地，如果不能有清楚精闢的論述，結果只是一場沒有意義的表演罷了。

如何掌握這關鍵的百分之七，我認為至少要掌握三個重點：「說話的內容」、「邏輯」和「隱藏的含意」，對於每次要溝通的事情，應先找出內容的「人」、「事」、

「時」、「地」、「物」五個關鍵，反覆推敲確認措辭合宜，以明晰的邏輯拼湊出完整的一段話，事前重複練習，確保現場不管發生什麼突發狀況，自己都能明確地表達清楚。

溝通中有幾個小技巧必須要注意，其一：「盡量不要用負面表述」，什麼意思呢？員工開會遲到了五分鐘，你可以用「路上塞車嗎」替代「不是說過開會不准遲到嗎」，理直氣和地告誡同仁不要遲到。再例如，客人在大廳抽菸，你上前制止時，「這裡不准抽菸」改成「麻煩您到戶外抽菸」，是不是好多了？「減少使用負面表述」這點在服務業尤其重要，因為客人最不喜歡聽到的就是「不行」、「不准」、「沒辦法」等負面用語。

其次，少說「你／你」，多說「我們」，主詞做這樣的改變，聽的人感覺會很不一樣。很多主管開會時，習慣說「你」或「你們」，這種上對下的語法，如果再加上「食指指向對方」的肢體動作，真的像極了晚娘臉孔。過去在飯店召開客訴檢討會議時，我不會說：「客人昨天對你們投訴」，而是說：「客人昨天對我們餐廳有一些批評指教」，話裡把「你們」改成「我們」，表面上是少了一份責備，實則建立「我們是一個團隊」、「我和你們一起面對問題」的向心力。

此外，要注意自己是否有不當的口頭禪。我以前在發表意見後習慣加一句：「這樣你懂嗎？」某次，發現對方聽到這句話後，不經意地皺了一下眉頭，這個小動作讓我驚覺，雖然我只是想確認對方是否有聽懂我的意思，但「說者無心、聽者有意」，在別人耳裡竟會有「你覺得我很笨、會聽不懂你的話嗎？」這樣不舒服的感受。

很多人欣賞說話直的人，但不代表「有話直說」就可以通行無阻，你想直還得看自己有沒有本事呢！當你還沒有累積到足夠的實力，社經地位也還沒到一定程度，建議發言還是先別太「直」。

我很喜歡分享我的好友——商業談判專家林家泰老師所說的，一個有關慈禧太后、名角楊小樓、王爺和李蓮英「溝通」的小故事。故事是這樣的：有一天楊小樓唱完戲，慈禧太后鳳心大悅，問楊小樓想要什麼賞賜，楊小樓開口向慈禧太后討一幅親筆墨寶，沒想到，慈禧太后大筆一揮，想寫個「福」字，卻不小心在左邊的「示」部首旁多寫了一個小點。一旁的王爺自恃是皇親國戚，立刻誠實地說：「老佛爺，您的福寫錯字了！」常侍在側的李蓮英趕緊打圓場：「老佛爺不愧是老佛爺，連福都比別人多一點！」而不想拿錯誤墨寶回家的楊小樓更聰明地接著說：「老佛爺您這多一點的福，小的不敢要！」有了李蓮英和楊小樓「搭」的台階下，慈禧太后順勢說：「你不敢要，我下次再寫給你吧！」結束了一場尷尬。長官就像老佛爺一樣，也會出錯，重點在於你要選擇當心直口快，但有可能被秋後算帳的「王爺」？或者是反應靈活、長居老闆紅人寶座的「李蓮英」？抑或是明哲保身、身段柔軟的「楊小樓」？

最後，提醒你若想要有效溝通，幾個干擾噪音（Noise）必須去除。第一個是「真噪音」，例如：櫃台人員在為客人做入住服務的時候，大廳正在施工，此時客人能夠完全理解飯店有哪些服務和設施嗎？就算飯店硬體屬五星級，客人的感受可能也不會是五星級。又或者進行演講的時候，麥克風聲音忽大忽小、冷氣太熱太冷、設備器材故障，在在都會讓溝通打折扣。

而影響溝通成效的「偽噪音」則包括：「假設」、「價值觀」、「感覺」、「偏見」。

很多人會「假設」對方不喜歡這種場合，所以略過不邀約他，結果反而因此得罪人而不自知，所以建議不要自行假設，善意的詢問比較不會出錯。其次是每個人的「價值觀」都不一樣，大富翁和小乞丐認知的一千元，絕對不一樣，這也是為何那麼多綜藝節目和談話性節目可以屹立不搖的原因，因為光是討論愛情和麵包哪個重要，就可以討論一整季。我前往花蓮工作前，對於地震十分害怕，但是經歷過〇二〇六大地震之後，對於地震已免疫，相對的「感覺」也就是之前花蓮一天地震四十一次，花蓮人仍然鎮定堅強的原因。至於「偏見」，每個人都有，例如：對於蓬頭垢面的人、對於穿著豹紋爆乳短裙的女生、對於住在貧民區的黑人等等，就算不說出口，你也知道一般人會有什麼偏見。這些「偽噪音」有可能來自家庭教育、教育、切身經驗或媒體網路報導，只有了解並努力去除這些噪音干擾，並掌握「55／38／7」溝通技巧，才能創造良好且互動的溝通。

溝通從來不是靠運氣，而是科學！

★職場加分金句：

1. 要溝通的事，事前先順一次，內容的「人」、「事」、「時」、「地」、「物」五個關鍵要講清楚。

2. 檢討大會上措辭用「我們」替代「你們」，營造共同面對，而非推卸責任的好感。

3. 你是一個有話直說的人嗎？當你還沒有累積到足夠的實力，地位分量也還累積不足，建議發言要謹慎。

Chapter

14

學說話前先學會聽話

我常聽同事抱怨，因為口才不好，所以沒辦法和大家溝通。這話說得好像「口才＝溝通力」，事實真是如此嗎？有句話說：「如果想成為說話高手，先做一個願意傾聽的人」，與其說溝通是「說的藝術」，不如說，溝通是「聽與被聽的藝術」。

期許自己在職場上有好表現的人，除了專業能力培養，都會認為擁有好口才很加分，因此當自己不屬於「舌燦蓮花」的類型，便理所當然地把與長官溝通不良、和同事因口角產生摩擦、永遠被客戶打槍……等全都歸咎於口才不好。我不認同「口才好」就是「溝通能力好」，會這麼認為的人，是把「溝通」簡化為「說話」，忽略了「學說話之前，應先學會聽話」。與其說溝通是「說的藝術」，不如說，溝通是「聽和被聽的藝術」。可惜太多人花很多時間在「說」，卻不願意「聽」對方的想法。

你一定遇過下面這種狀況：姊妹們好久沒約，大家終於見面聚餐，A匆匆趕來、連聲抱歉遲到，並說：「我最近忙死了，好幾家媒體來找我訪問。」一旁的B不甘示弱，馬上接話：「我也是，某某電視台找我上節目呢。」姑且不論這A和B互別苗頭的動機為何？是「炫耀」或是單純「訴苦」，B的回話都讓聚會中的「溝通」氛圍變尷尬了。

在這裡，我想給大家一個忠告：聚會裡當朋友發言時，少用「我也是」這三個字來搶話，避免話題的焦點轉回自己身上，要懂得適時地把 Spotlight 打在別人身上；不只如此，當朋友說完之後，要即時給予正面回應且溫暖關懷，一次兩次之後，你會發現，講話少了，朋友卻多了，人際關係也不知不覺變好了。

為了提升自己的溝通能力，我去上過卡內基課程。卡內基認為增強影響力的方法不在於表達，而在於聆聽，甚至認為，成功的領導人，是真正懂得聆聽的人。你可能要問，什麼是真正的聆聽？

聆聽有幾個層次，首先是「完全不理」，也就是別人在說，你可能在滑手機或有聽沒有到，更糟的是，不肯停下自己的話題聽別人說。第二個層次是「假裝在聽」，也就是表面上看起來在聽，其實心裡想著別的事，心不在焉地「左耳進、右耳出」，別人說完話，你不知道對方說了什麼，自然不能有正確與適當的回應。

聆聽的第三個層次是「選擇性聆聽」，從字面的意思，就是只聽自己想聽的，刻意把不想面對的事情忽略掉，但刻意忽略不聽的，往往是問題的核心。例如先前王品集團董事長的「月薪五萬說」，想表達的是台灣技職體系消失的嚴重性，卻被媒體斷章取義變成「入社會三年內，月入沒有五萬是自己的問題。」引起輿論大肆討論，選擇性聆聽是最容易造成誤解的聆聽層次，殺傷力比前兩者更大，應盡量避免。

真正的聆聽應該是「積極聆聽」和「同理心聆聽」，聆聽必須達到這樣的層次，才能聽到「話中的話」，知道對方真正的想法和心意。我曾目睹過前來辦理入住的房客向櫃台服務人員說：「我是這個月的壽星喔！」服務人員不急不徐、很有禮貌地對客人說：「祝您生日快樂！」雖然不能怪服務人員「說」錯話，但可以確定的是，這絕對不是客人想「聽」的話。如果只是用耳朵聽，沒有用心聽，既無法掌握話裡的「關鍵字」，當然也無法達到有效溝通。因此，真正的溝通高手就是能「說」出對方想「聽」的話。

聆聽時若能搭配專注的眼神（Eyes Contact），可以讓溝通列車直達心靈層次。之前看過一則報導，分析美國前總統柯林頓為何負面新聞多，民調聲望卻一直居高不下，經訪談發現，柯林頓與人說話或握手時（尤其是與女性選民說話），總是專注地看著對方，讓對方知道（或感覺）總統認真「聽」著她說話。甚至有人反映，在與柯林頓四目交接的那個時刻，她感覺世上彷彿只剩下他們兩人。

由此可知，聆聽不是只靠耳朵，要把心和眼睛帶上，並且端出誠懇的態度，當對方感受到你專注聆聽的善意，自然願意敞開心門與你做良性溝通。

積極的對話從積極的聆聽開始，當你真的懂得聆聽，溝通方能正式展開。

★職場加分金句：

1. 學說話之前，要先學會聆聽，與其說是說話的藝術，不如說是聽與被聽的藝術。
2. 聚會裡當朋友發言時，少用「我也是」這三個字來搶話，當別人有話要說，自己就應該適時地當一個稱職的聆聽者。
3. 「選擇性聆聽」是只聽自己想聽的，或者自以為是地誤解對方的意思，這些都是因為沒有好好靜下心來聆聽造成的。
4. 從柯林頓的女性魅力學到一件事，聆聽時必須專注地看著對方，讓對方知道（或感覺）你認真聽著他說話。

5

PART

不可不知道的職場潛規則

生命歷程裡的不同時間點，我們有時候是主角，有時候是配角，角色不同就該有不一樣的演出，就像桌上的主菜、配菜和醬料，配菜的精彩不強過主菜的鋒頭、醬料的滋味不能搶了食材的味道。懂得努力很好，但職場的潛規則更必須精準掌握，扮演好自己的角色，堅持該有的原則，告訴自己「我不是來交朋友的」，有緣成為朋友自然好，但喜歡或不喜歡一個人，都不該逾越「公事公辦」的態度。

Chapter

15

翅膀沒長硬別急著飛，你的馬步蹲夠了嗎？

看著「無能」的長官什麼事都不做，光是一張嘴「blah blah」、一根手指頭指東指西，心情鬱卒到想丟辭呈！別衝動，職場上不同位置本來境遇就不一樣，與其怨嘆，不如認清本分告訴自己：「人不會苦一輩子，但總會苦那麼一陣子，如果不能苦過這陣子，可能就真的要苦一輩子了！」

開始主題之前，先來說個寓言故事——「兔子與老鷹」。

森林裡住著一隻老鷹和一隻小兔子，老鷹常常坐在樹上，無所事事一整天，有一天，兔子終於忍不住問老鷹：「為什麼你可以整天不做事呢？」老鷹聽了，回答兔子說：「你也可以跟我一樣啊！」兔子聽了很高興，隔天他也學老鷹，呆坐樹下什麼也不做，覺得自己現在和老鷹一樣快樂了。正當兔子放鬆休息時，躲在附近的狐狸，一躍而出毫不費力地咬住兔子。這個故事告訴我們，你想沒事幹又不被幹掉，除非你的位置夠高。

每當有人跟我抱怨辦公室的長官只會出一張嘴，什麼事都不做時，我就想到這個寓言故事。當我們還只是一隻「兔子」，就不要貿然學習樹上的「老鷹」，職場位階不同，能做和不能做的事自然大不同，沒什麼好討論公不公平，與其怨嘆「人微言輕」，倒不如認清本分，自我激勵：「我不會苦一輩子，但總會苦那麼一陣子，如果不能苦過這陣子，可能真的要苦一輩子！」

我成長在五、六〇年代，那時候家裡的父母和學校的老師都不時興「愛的教育」，老一輩甚至抱持「寵豬舉灶、寵子不孝」、「嫌貨才是買貨人」的論點教養小孩，為了擔心我變驕傲，我的母親向來不輕易稱讚我，母親的嚴厲使得我進入職場後，能正面看待長官前輩的各種指教和批評，比起多數人，我更能虛心接受「翅膀還沒硬」的事實，並且把握時間和機會，努力充實不足之處。

回想初進職場，因為資淺，也沒有「後台」，雖然很努力，但悶虧也沒少吃，和前輩一起執行案子後，前輩丟來一句「你台大畢業的一定很會寫，結案報告就交給你了」，雖然一聽就是「老鳥欺負菜鳥」的說詞，但我把它當成讚美，也把它當成練功的機會，洋洋灑灑完成一百多頁的結案報告。因為不推辭，之後很多寫報告的工作都落到我頭上。職涯中期即使升任經理，仍獨立完成兩百多頁的結案報告，人生果然沒有白走的路，該報告不僅被總裁看見，還被指定為集團理級主管必讀的報告範本。

爬升主管後，面對現今九〇後，甚至〇〇年後出生的年輕人，發現他們在資訊爆炸的3C年代長大，其父母力行愛的教育，以讚美代替責罵，成長過程被鼓勵勇於表現，加上其在虛擬的遊戲世界可能已經是呼風喚雨的一號人物，因此，即使處在還有很大進步空間的稚嫩階段，也總是充滿自信，翅膀沒硬就急著飛，工作中抱怨沒有伯樂的時間，比蹲馬步精進核心技能的時間多，容易一衝動就以「沒有長官緣」離職。屁股沒坐熱、武功沒練扎實就頻換工作的結果，通常是一事無成。

因此對於職涯充滿期許的社會新鮮人，我建議每個工作至少嘗試「忍」超過三年，這個停損點會讓你養成韌性和耐性。我曾經在一位特別在意規矩、制度的長官底下工作，這位長官個性一板一眼，最討厭有人遲到早退、無法接受不遵守職場倫理的事，同事們因此都很討厭這位保守的長官，認為他太「龜毛」。但我選擇以接受取代抱怨，強迫自己每天提早十五分鐘出門、中午自己帶餐盒不外出用餐、事事都先請示再執行，果然，當同事與長官的關係越來越糟時，我反而得到長官的信任，被交辦了幾個重要的大案子，成為長官倚重的部屬。

我如水般的可塑性，是積極無畏和圓融變通共存體內，早在高中時，雖然我的作文能力不差，但每當國文老師換人，我便在第一次作文分數出來後，刻意觀摩成績高的那幾位同學的作品，仔細分析揣摩老師的偏好，並在保有自己特性的原則下，寫出老師喜歡的文章。我始終認為，與其坐等伯樂，不如積極讓自己成為伯樂眼中的千里馬。

人生不如意十之八九，沒有人永遠一帆風順，挫折本身並不可怕，可怕的是放棄面對困境、放棄學習成長。如果每一次遇到困難，就選擇遞辭呈換公司，以為換個環境就能遇到「對的人」，那將會使自己的職涯在原地打轉，換了一百個工作也沒有更上層樓。

那麼在工作上遇到挫折該怎麼辦？重要的是學會在人生低潮時「蹲低再出發」，情緒消化完就不要繼續蹲在原處哭泣。吃虧就吃虧吧！被打壓就被打壓吧！保持樂觀正面的態度，翅膀還沒硬、機會還未到，就繼續練習蹲馬步，加強基本核心專業技能，努力創造自己的可被利用性，等到翅膀長好的那天，自然能高飛！

★職場加分金句：

1. 老鷹可以每天坐在樹梢「納涼」，兔子不可以，為什麼？因為兔子和老鷹的高度（身分位階）不相同。

2. 我不會苦一輩子，但總會苦那麼一陣子，如果不能苦過這陣子，可能真的要苦一輩子！

3. 有時候在職場上受人中傷，是從被懷疑到被肯定的機會，怕的是你真如別人所說的——什麼也不會。

4. 如果每次遇到困難，就選擇遞辭呈換公司，你的職涯可能會在原地打轉，因為人的問題到處都有。

Chapter 16 囝仔人有耳無喙，不要為了友誼變成大嘴巴

我看過一則研究報導說：不實消息被轉傳的機率，比真相被轉傳的機率高出百分之七十，這說明人偏愛八卦消息。職涯二十年，我堅持當八卦絕緣體，即便因此付出「辦公室裡沒朋友」的慘痛代價也不妥協。我當主管後同樣以身作則，讓同仁知道，我討厭八卦，任何想利用「沒有證據的傳言」達到某些目的的人，門兒都沒有。我深信愛聽八卦的主管，下屬就愛講是非，因此「八卦之亂」在我領導的團隊不會發生。

有則「三個小金人」的寓言故事，不知道你聽過嗎？

話說，有個小國使者來到中國，帶來了三個一模一樣的小金人，皇帝看到禮物很是驚喜，這時候小國的使者考了皇帝一個問題，使者說：「尊貴的皇帝，你能挑出三個小

金人中，最有價值的是哪一個嗎？」

由於這三個小金人，以肉眼看，外觀幾乎一模一樣，於是皇帝請來珠寶匠檢查金子的純度、分別秤重，再用放大鏡細細檢查雕刻做工，結果都一模一樣。眼看無法破解小國使者的提問，皇帝很是著急。就在這時候，一位老臣走了出來，請皇帝讓他試試。大殿上，老臣拿出三根稻草，第一根插入第一個金人的左耳裡，結果稻草從右耳掉了出來；再把另一個稻草穿進第二個金人的耳朵，結果稻草從嘴巴裡掉了出來；最後一根稻草從第三個金人耳朵裡進去後，掉進了肚子，什麼聲響也沒有。

用稻草試過三個小金人後，老臣告訴皇帝：「第三個小金人最有價值！因為能夠把別人說的話聽明白的人，才是最成熟的人。」智慧的老臣成功的為皇帝化解危機。這個故事告訴我們，最有價值的人，不一定是能言善道的人，老天給我們兩個耳朵、一個嘴巴，本來就是讓我們多聽少說。

翻開歷史，知名的佞臣不少，大秦帝國的趙高、唐玄宗時的高力士、乾隆皇則有和珅，其他像是秦檜、嚴嵩、李蓮英等，他們共同的特性就是卑躬諂媚、極盡逢迎拍馬，只要主子歡喜，顛倒是非黑白也無所謂。佞臣儘管讓皇帝開心，卻也給國家帶來災難。從歷史學教訓，職場這麼多年，我期許自己多做少說，不希望自己成為該死的佞臣。

為了當「八卦絕緣體」，我中午甚少與同事一起外出用餐，偶爾在茶水間、廁所相遇，發現他們正在說「悄悄話」，我會盡量避開，就算聽到什麼流言，右耳進就從左耳出，嚴守「囝仔人有耳無喙」的原則。不能和同事一起聊是非、講八卦「交心」，確實讓我失去了一些友誼，甚至被孤立，但我依舊堅持，頂多是自我安慰：「我是來工作，不是來交朋友的」。

會這樣堅持當一個八卦絕緣體，源自於自己也曾因「聽八卦」受害。其實，每個辦公室八卦能有什麼不一樣？說穿了無非就是「誰是誰的誰」、「誰和誰搞曖昧」、「誰是抓耙仔」。那年我涉世未深，為了和大家打成一片，便聚在一起聽八卦，並隨口回應了一句無傷大雅的話。不料幾天後，當事人上門理論，我才知道八卦傳到最後，竟然變成是我說的，百口莫辯之下，我失去一個朋友、多了一個敵人，也得到一個重要教訓——「八卦，聽都別聽」。

不只曾經因為「聽八卦」無辜受害，我還當過八卦的女主角。職涯中兩進兩出東森購物，二度回鍋因為是高層挖角，職位連跳七、八級，離職時是專員，三個月後回任變經理。不友善的眼光自四面八方射來，有關破例升官的謠言，傳到我耳裡的就有四個版本，面對這樣的困境，我很清楚就算開澄清大會，也無法平息流言。

為了不讓謠言如連續劇般每天都有新劇情，我閉起嘴巴，咬牙加班工作，三個月的時間成功完成東森購物第一次參加世貿美容展的重要任務，並得到高層肯定，果然，有了成績，謠言就停了。亮眼的工作表現變成我最有力的「靠山」，既然高層都說「唐玉書做得好」！誰還會那麼不長眼說「唐玉書靠關係」？我要說的是，身陷八卦風暴，只有端出KPI才是最好的解套辦法。

「八卦絕緣體」也救了我好幾回，在高層處於權力鬥爭之際，部門裡難免安插親信、眼線，因為不講閒話，別人從我這裡套不出話，高層誰鬥贏、誰鬥輸，我都能明哲保身，不會掃到颱風尾。

當上主管後，為了避免八卦擾亂辦公室氛圍，擔心不小心養出「佞臣」到處煽風點火，我更加明確表態「不聽八卦」，與工作內容無關的事，我會表現出「沒興趣」的態度，有人來嚼舌根，直接告知「不想聽」。我深信有愛聽八卦的主管，就有愛講是非的下屬，當我以身作則讓同仁知道，主管討厭聽八卦，任何想利用「沒有證據的傳言」達到某些目的的伎倆就無法得逞。

★職場加分金句：

1. 當一個八卦絕緣體，是保護自己避免遭人陷害或捲入是非紛爭。
2. 身為主管，不需要靠八卦來拉攏同仁情感，反而更需要置身八卦之外，避免整個團隊流言四起，影響工作士氣。
3. 擁有權力時，讓大家知道，你厭惡八卦，身邊出現佞臣的機會將大大減少。
4. 囝仔人有耳無喙，學學第三個小金人，聽到什麼話，都別從自己的嘴巴直接說出去，放進心裡思考對策，不能說的，就帶進墳墓吧！

Chapter

17 強冒出頭的地鼠，不打你打誰！

積極進取、充滿鬥志，這些不服輸的特質，我和很多在職場上努力的人一樣都具備，但更重要的是，有善良細膩的特質隨時從旁「踩煞車」，提醒自己謹守倫理、拿捏分寸。戰場上的箭並非一定從前方射來，一不留神，從背後射來的箭、身旁砍過來的刀更加危險。沒錯！好大喜功最易招惹麻煩，功高震主更是職場大忌，如果到處樹敵得罪人，你可能大禍臨頭卻不自知！

日本名古屋大學動物生理學實驗室曾發表一份研究指出，雞是具有高度社會習性的動物，而這也表現在天亮啼叫這件事情上。實驗發現，雞群中最高地位的領頭雄雞扮演率先鳴叫的角色，即便每天天亮時間不同，但是「老大還沒叫」，其他雞會耐心等待領導先「打鳴」，再按照地位遞減依序鳴叫應和。

這個有趣的實驗非常適合拿來談「職場倫理」的重要。說得更直白些，連雞都知道老大還沒開口前要閉緊嘴巴，陪同長官出席各種場合，話都讓你講光、風彩都讓你搶光，長官反倒成了陪襯，儘管嘴上不說，但心裡肯定不舒服。像這樣強冒出頭的地鼠，不打你打誰？被打了，能怨誰？所以，只要是陪長官出席，我就連站的位置、穿的衣服都注意，除避免大紅大紫、金光閃閃等讓自己成為「萬眾矚目」的服裝，站的位置也以長官的左或右後方一步為宜。

回想在任職於公關部門時，曾看到某位同業，仗著自己媒體出身，與記者熟識、懂媒體需求，於是在未往上呈報的情況下，貿然接受採訪。殊不知公司有發言人制度，除非長官指示，並且事前知道發言的內容，否則擅自穿著公司制服、頂著公司頭銜對外發言，都已經失了分寸。試想，發言人打開電視當下，看到自己下屬在媒體前「大放厥詞」，自己卻看了電視才知道，難道還會真心讚美「你說得很好」？

許多人為了在職場求表現，信守「勇敢表現」的教條，卻疏忽職場該有的處事哲學，這是很危險的事。若將職場比喻成戰場，讓自己「死於非命」的刀箭不一定從前方飛來，一不留神，從背後、身旁砍過來的刀箭更加危險。好大喜功、功高震主是職場大忌，如果到處樹敵得罪人，可能大禍臨頭卻還沾沾自喜以為立大功、等封賞，就如同前面所舉例的那位公關同業，已經犯了「不尊重公司制度與長官」的天條而不自知。

我並不是說樂觀進取、充滿企圖心的積極態度不好，事實上我和很多人一樣，甚至更加的爭強好勝，有不服輸的剛性特質，但因為從小父母親教導的「敬老尊賢」，以及性格上善良細膩的柔性特質，讓我始終不敢僭越該有的職場倫理，多年經驗告訴我，尊重長官和前輩、善待同事，不僅是禮貌，也是保護自己最好的方式。

職涯的不同時間點會擔任不同的職位，不管主角、配角或是跑龍套，角色不同、「戲分」不同，都該有合宜的演出。我喜歡看美食節目，從料理也體悟一些職場的處事哲理。愛做菜的人應該都知道，料理的原則是配菜精彩不能強過主菜鋒頭，醬料滋味再好也不能蓋掉食材原味。懂得努力是很好，但恰如其分地扮演自己的角色更加重要，就像配菜和醬料是為了讓主菜更美味，配角的存在就是讓主角「發光」，即便扮演成就別人的角色也不需要覺得委屈，因為「主菜」會知道、「吃的人」也會知道。對個人來說，展現配角的價值，正是累積自我能量的重要階段。

現在很多公司跟風美商文化，時興直呼主管「英文名」，這部分我建議要小心謹慎為好，不要名字叫著叫著，真的就以為和主管平起平坐，以至於忘了措辭、態度和動作上該有的尊重和禮貌。不僅如此，所謂一日為師、終生為父，工作得到升遷機會時，第一時間要向主管表達感謝，千萬別給自己的職涯留下「忘恩負義」的汙名，畢竟行走江湖，累積好名聲及人脈，對未來的路絕對是好事。

另外，我也要奉勸各位，還不是辦公室老大時，不要自做主張訂規矩、改規矩。還記得文章開頭提到的雞鳴研究嗎？該研究後段還有一個重點：「如果把領頭雞移到其他地方，原來的老二自然爬升變為老大，成為新一任領導雞，其起鳴時間會按照自己的生理時鐘，也就是稍晚於前一任。」所以，真的想訂什麼規矩，等你當上老大再說，否則還是乖乖的按照公司原本的規定去做吧！

★職場加分金句：

1. 戰場上的箭並非一定從前方射來，致命那一刀也可能是你以為的好朋友下的手。
2. 切記！好大喜功麻煩上身，功高震主下場悽慘。
3. 在大放厥詞、侃侃而談之前，必須先確定自己的身分是否可以說這些話。
4. 即便是美式辦公室文化，也別以為可以直呼老闆的名字，就可以真的不把他當老闆。

6 PART

管理難不難？

管理風格人人不同，沒有絕對的對或錯，成功了，是傳頌萬代的典範，失敗了，便是人人引以為戒的案例。如此說來，管理學似乎有些「事後諸葛」。究竟管理難不難？我倒認為「帶團隊」和「帶團康」是有些異曲同工之處。以管理中最重要的「帶人」來說，我會花很多心力認真瞭解團隊的每個人，知道他們的性格、明白他們想要的是什麼，並且幫他們找出專長、搭建發揮的舞台。「喜歡什麼樣的下屬、先成為那樣的下屬；喜歡什麼樣的主管，就請先成為那樣的主管」，發揮同理心，管理其實可以很簡單。

Chapter

18

同理心的這樣那樣：當個有溫度的主管

很多人升上主管後，面對帶人，總會有很深的挫敗感。沒錯，「帶人」確實是管理中最麻煩的一部分，但事實上它也是最有成就感的一部分。職涯有三分之二的時間擔任管理職，我堅持「帶人帶心」的原則，雖然為了認識團隊的每個人、與部屬建立感情花了很多心思，但當你離職時，從他們口中聽到真心的感謝，在離開多年後大家還能保持聯繫、彼此關心祝福，那份驕傲與窩心，證明一切都值得。

在我二十年的職業生涯中，除了前面五年屬於基層員工，之後的十五年，都在管理層級。從一開始帶三個人的小小公關部，一路到整個飯店員工，人數最多時有三百多人。而擔任花蓮縣觀光處長時，不只要領導處內七個科、七十多名同仁，整個花蓮縣民間各觀光旅遊團體也都歸觀光處管轄。不管是三個人、三百人還是三千人，我始終抱持同理心的態度以誠心待人、憑真心對人，希望團隊裡每個人都能快樂工作，並且在工作中不斷成長。

我有一個習慣，每到一個新的環境擔任主管，便請人事單位提供團隊成員的人資表，詳讀每個人的年齡、家庭狀況和學經歷，接著單獨與主管做一對一的面談，為了讓同仁放心說話，通常我會安排在沒有其他人干擾的私密空間進行訪談，過程中仔細觀察對方的回應與態度，據此作為未來工作調整的參考，因為我想盡量安排適當的人到適當的位置，適得其所、各司其職。

當然，在你觀察團隊的同時，團隊中的每個人也會盯著你，看你拿出什麼本事來。記得在我剛進入雲朗集團擔任公關協理時，為了讓平時淪為各部門眼中「花錢」又「拿不出具體績效」的公關部揚眉吐氣，我首先說服高層編列預算訂購艾克曼媒體公司的新聞蒐尋系統，透過這套系統可以精準掌握整個集團大大小小的新聞露出，不僅如此，國內外飯店餐飲旅遊業重大新聞及競爭對手的報導也都不會遺漏。工欲善其事、必先利其器，我把以往零零散散寄發給集團重要主官參閱的新聞露出，變成每天固定提供的條列式績效表單，成功扭轉公關部的負面形象。

但是要分配處內固定同仁每天做制式且繁瑣的新聞資料整理工作並不容易，當時我底下的三位同仁，兩位有工作經驗、一位是大學剛畢業的社會新鮮人，於是我將「每日剪報」工作交給這個社會新鮮人。

交辦任務時，我便告訴她：「這是很重要的任務，能讓整個集團從高層到旗下各飯店主管都『需要』我們公關部」。她必須在每天上午十一點前完成當日「新聞剪報」，並寄發給每位長官和分館總經理、公關。我其實可以簡單交辦任務就好，但我卻花很多時間讓她知道這份任務的重要性，並幫她設計表格格式，因為我換位思考，一個剛從大學畢業，什麼都懵懵懂懂但又對職涯充滿期待的社會新鮮人，應該會希望有長官能夠教導做事方法、協助練好基本功；我明白沒人會喜歡做 Routine 無趣的工作，除非這個工作是很重要的必要之惡。

一段時間之後，我要求這位同事，除了每日的新聞剪報外，必須負責製作月表，依照數據分析新聞露出的媒體價值，上呈報告。交辦這份任務時，我誠心地告訴她，只要認真去做，從中可累積下一步「寫新聞稿」的經驗。為什麼要如此費心？因為我很清楚，新鮮人面對自己的未來充滿企圖心，不會滿足於每天只做「新聞蒐集」工作，我在分派工作時，也一步步傳授她成為一個「公關人」所需要的專業能力，讓她在工作中自我成長。果然，不久後她接下部門新聞稿撰寫的任務，並且有優異的表現。

「尊重」是帶人時很重要的態度。當主管十多年來，我從不在眾人面前對下屬破口大罵，當團隊成員有人犯錯，我會「開個小房間」和他好好溝通，因為每個人都愛面子，「關門罵人、開門誇人」是對同仁的尊重。另外，即使位高者有說話權，我也從不跳出來「越級」管理，我會充分授權中基層主管管理他的團隊，我認為，分層管理除了是對中基層主管的尊重外，更是一種信任，清楚地將「責任」交給他，反而會讓他對自己工作更有責任感與成就感。

也許因為是標準天秤座，我非常重視「公平」。曾經我部門有兩個工作資歷相當的同仁，能力好、工作也力求表現，為了讓他們良性競爭，在分派業務時，我特別小心，撇開個人喜好、公平分派任務，讓他們各自都有表現的舞台。不僅如此，一開始我也先開誠佈公地把ＫＰＩ績效、考量標準等遊戲規則說得一清二楚，強調彼此工作上是君子之爭，私底下還是要當好同事、好朋友。為何需要如此苦口婆心的事先說明，是因為在我過去職場的經驗中，部門同仁間交惡或勾心鬥角，很多時候都是主管不夠「公平、公正、公開」所造成的。

很多人說，寧可帶什麼都不會的菜鳥，也不要什麼都會的老鳥。真的是這樣嗎？職涯中曾因空降到新的單位擔任主管，遭部門裡的資深同事「冷眼相看」，甚至被「放話」：「你的位子本來是我的。」面對這種特殊狀況，我的對策是：一要拿出自己的實力，讓ＫＰＩ說話、讓對方服氣；二是積極展現善意，化解敵意並展現主管氣度。

在擔任公關部協理時，部門一位資深的Ｊ經理一開始就擺出「不合作」態度，準時上班、準時下班，每天對著電腦，但沒有人知道他在做什麼。對此，我不動聲色，先去瞭解J經理的背景，一查不得了，當真挖到寶！原來他過去待過跨國電視台，與很多節目製作人有私交，只是這幾年來一直不受公司器重，讓他開始心灰意冷。發現J經理的專長後，我找了適當時機約談他，站在他的立場分析情勢，並告訴他，我願意在職權範圍內給予資源讓他發揮所長。

沒多久，J經理果真找來當紅的綜藝節目製作人到飯店試菜，餐後，旋即安排在該節目中介紹飯店主打的先知鴨。節目一播出，飯店電話被打爆，一天內賣光了未來兩個月的先知鴨。J經理找回工作的自信與熱情，成為部門的一員大將，因為他，部門成績更亮眼。雖然我與J經理前後離開公司，但至今依舊保持聯絡，如果當初我選擇與他對立，結果當不會這麼美好。

同理心，讓我成為更有溫度的主管！

☞《管理職能測驗》

測測看你是哪種類型的Leader？掌握領導潛能，成為帶人又帶心的優質管理人！

【掃描QR CODE立即測驗】

【網頁版】www.1111.com.tw/174555/

★職場加分金句：

1. 認識團隊每個人的背景，並瞭解其個性，適才適所才能上下一心。
2. 交辦任務時，要讓同仁有所成長，從中獲得成就感，更能樂在其中。
3. 「開個小房間」好好溝通，而非當庭廣眾的臭罵責備，這既是主管的風度，也是尊重同仁的表現。
4. 面對辦公室的麻煩人物，應先設法瞭解其背景，找出他的優點，讓他有發揮專長的舞台，一切就會改變。
5. 領導必須做到「公平」，才能避免團隊派系惡鬥、惡性競爭，內耗能量。

Chapter

19

施小惠、大恩惠與口惠實不惠：沒有不能管理的人，只有不會管理的人

美國猶太裔人本主義心理學家亞伯拉罕・馬斯洛（Abraham Maslow）提出的需求五層次理論（Maslow's hierarchy of needs），是職場管理學重要的參考理論。表面上看起來，這五個層次的前後順序是從滿足生理需求開始，接著進階到安全需求、社會需求、尊重需求，最後才是自我實現；但現今職場每個人想法各有不同，有人甚至倒過來走，畢業後先出國打工換宿追求自我實現，然後才回歸職場，重新學起。因此，管理之前，必須要先掌握每個人真正的需要，洞察人性才能驅動人心。

什麼是馬斯洛五需求理論？這位猶太裔學者認為人類存在五種不同層次的需求，這五個層次在不同時期，表現出來的迫切程度都不一樣，而每個時期最迫切的那個需求，

即是激勵他當下行動力的最重要因素。

馬斯洛需求五層次的第一層是「生理需求」，直白的說就是靠所賺薪酬得到基本溫飽；下一層次是「安全需求」，在溫飽之外，期待工作的環境和福利，能提供長久穩定的安全感；第三層次是「社會需求」，當工作中得到的金錢足夠生活開銷，發展也很穩定後，很自然的就會期待在職場中有同行者，得到歸屬感；接下來是「尊重需求」，此一層次可以解釋為期待自己的工作表現得到認同，甚或表現獲得肯定，可以用「追求榮譽感」來做解釋；最後一個層次是「自我實現」，在這個階段，個體可以將長期累積的能量，完全展現出來，證明自己存在的價值。

一個人出社會從基層員工幹起，表面上看起來，起初會最在意五層次理論中的「生理需求」和「安全需求」是否得到滿足，其次再慢慢追尋高層次的需求。但現今職場每個人的想法各有不同、背景也不一樣，不管年紀幾何、資歷幾年，辦公室永遠少不了野心勃勃、汲汲營營於升官晉爵者，除此之外，我遇過開著雙B名車來上班的基層員工，也遇過只求上下班和休假時間固定的人，對他們來說，顯然薪水高低並非主要考量；有人甚至倒過來走，畢業後先出國打工換宿追求自我實現，才回頭投入職場重新開始。正因為每個人的迫切需求不一樣，因此，管理之前，必須花時間瞭解每個人心理的渴望，解析其工作目的。

擔任雲品副總經理三個月後，感謝總公司長官肯定，我除了原本負責的行銷、公關、活動，又接下餐飲部主管，面對龐雜事務和落後的業績，亟需一位餐飲部秘書協助我追辦各項事務，這包括整理每日的會議紀錄並建檔、維運餐飲部共用區各種表單及資料庫建置等，當時因為沒有開缺徵人的機會，我只能從內部尋找人才，但餐飲部在飯店裡屬於武場，人員大多鎮日在現場忙碌，鮮少有文書處理專長的人。

我首先盤點餐飲部人力，發現裡面竟然「躲」了一位碩士學歷的營養師，我瞭解她的業務實況與工作表現後，確認她能勝任我交託的業務，但一來不能幫她加薪，二來無法承諾給予職等升級，在這種情況下，要如何說服她點頭答應接下新增加的副總秘書工作呢？我明查暗訪後發現，這位營養師因為工作內容與餐飲部其他同仁差異甚大，編制上雖掛餐飲部卻長期被疏離，而她是一位追求團隊認同的人，我立刻鎖定以馬斯洛第三層次「社會需求」說服對方，最後如願找到得力助手。

至於餐飲部重要的出納，我相中的是剛請育嬰假的C襄理，憑著過去與她互動的經驗，我決定以第四層次「尊重需求」切入，親自拜訪說服她回來上班。多年後，C告訴我，當初她對工作已經有點倦怠，本想辭職，因為我三顧茅廬、讓她感受到尊重，她才願意回來跟我一起打拚！

職場上，每個員工都經歷過無數個、無數種類型的主管，有些人只會施小惠、有些人更是口惠實不惠，只有少部分的主管會給下屬他想要的「大恩惠」，至於什麼才是「大恩惠」？也許馬斯洛的需求理論可以告訴你！

雲品洗碗的大姊們，她們辛辛苦苦地工作，為的就是養家活口、貼補家用，再多的認同感和榮譽感都比不上實質的加薪，尤其當我請人資協助調查，發現她們的平均薪資略低於該區同業後，立刻爭取幫她們每人加薪一至二千元，並且幫她們改善工作環境悶熱濕滑的問題，自此她們的工作士氣大振，自然也提升了餐飲部整體戰力。

我相信，走到最後，每個人都有「自我實現」的渴望，所以對於下屬，我一向充分授權並給予無私教導，讓他們有被「看見」的機會，我從不害怕被下屬「幹掉」，因為我深信，如果同仁可以爬到我的位置，我肯定已爬到更高的位置。態度決定高度是不變的道理，我記得曾帶過有實力又努力的優秀同仁，在成功完成幾個重要工作之後，我告訴他：「下個案子不只由你執行，你還要親自上場跟長官做提報。」我並非推人送死，而是抱持著如老師或老媽的心態，滿心期待學生或孩子學成出師、光宗耀祖。有一個在輸品工程部待了二十多年的資深經理，儘管他已屆齡退休，但我看到了他的潛能和特質，我排除萬難、說服他及總公司長官們，拔擢他為飯店重要營業單位之一的餐飲部主管；同時也把他栽培多年的副手真除為工務部經理，兩人皆大歡喜，也讓公司的氣氛更加活絡，因為每個人都看到了自己未來無限的可能！

我還有個下屬，她可以公開大聲說我是她最愛的主管，最重要的原因之一竟是，我是唯一支持且同意她請假一個月去法國逐夢的主管。我並非放任，而是要求她把所有工作安排好，本來一家公司就不能沒誰不行，重點不是誰來上班，而是工作可以無縫接軌。

有一個滿有趣的比喻：辦公室有六種人，分別是家臣、家人、家奴、家畜、家禽和家俱，家臣是會做事、有能力，與長官共同經歷大風大浪，具革命情感的人；家人是錯得再離譜也不會有事的「幸運兒」；家奴呢，什麼苦差事都有他的份兒，論功行賞時卻往往被跳過；家畜和家禽更慘，每天被罵、背黑鍋，好事輪不到、縮編裁員時第一個被犧牲；至於家俱嘛，好看而且很貴，但論到功能，好像也說不上來。

辦公室同仁的表現，有時候與他負責的業務內容有關，我認為適時的進行業務調整，是改變上述六種「身分」的一個手段，所謂「滾石不生苔」，職務調動能帶動角色變化，尤其是遇到不做事、管不動的下屬，透過職務的調動，除了帶給他一些警惕，也是給他一個「重生」的機會。

如果將職涯比喻為西天取經的驚險旅程，自詡為「唐僧」的主管們，莫忘「慈悲心」需與「大智慧」兼備，懂得「口惠」、「施小惠」，更要適時給予「大恩惠」。團隊裡來了孫悟空，不要急著高興，自己得先有本事給他戴上緊箍咒，免得對方撒潑；辦公室就算有又懶又笨又愛搶功的豬八戒也別洩氣；對於刻苦耐勞、任勞任怨的沙悟淨更別忽視。孟嘗君養士三千、孔夫子因材施教，沒有管不動的人，只有不會管的人，善用馬斯洛需求理論洞察分析，謀定而後動，相信每個人都能發揮應有的角色力量，讓你帶領的團隊發光發熱。

★職場加分金句：

1. 找到對方心裡的渴望，你就有說服對方、改變對方的機會。

2. 對於下屬，你是施小惠？口惠實不惠？還是真的給大恩惠的主管？關鍵在於你是否看到他們的需要。

3. 不需要擔心被下屬超越，因為當他們爬到你的位置，你已經爬到更高的位置。態度決定高度是不變的道理。

4. 辦公室裡適時的業務調整是必要的，所謂「滾石不生苔」，透過職務調動，也是給同仁「重新開始」的機會。

Chapter
20
像夾心餅乾一樣難為的中階主管

職涯升遷，少不了要經歷一段又一段殺戮無情、血淚交織的修羅場，其中最艱辛的莫過於像夾心餅乾的中階主管時期。此時，往上，要完成長官交辦的任務；往下，要帶領團隊交出成績，環顧四周虎視眈眈、不懷好意的眼神，沒有足夠的實力與意志力，很容易在這個位置敗下陣來。不想狼狽陣亡，踏上中階主管職務前，最好學會向上管理與向下管理的技巧，同時學會如何與平行單位保持合作又競爭的微妙關係。

當我們還是基層員工時，總會想像自己當上主管的威風模樣，但哪天真的坐上那個位置，才發現不只事情加倍、壓力也加倍。如果沒有百倍的努力和周延的思慮，恐怕還沒來得及威風就得準備打包回府！

中階主管就像夾心餅乾，往上，要完成長官交辦的任務，往下，要帶領團隊交出成績，環顧四周還有許多虎視眈眈、不懷好意的眼神，沒有足夠的實力與自信，很容易在這個位置敗下陣來。不想狼狽陣亡，踏上中階主管職務前，最好學會向上管理與向下管理的技巧，同時懂得如何與平行單位保持合作又競爭的微妙關係，也很重要。

很多中階主管被討厭的行為，原因來自「缺乏自信心」，因為沒有自信，擔心被決策核心邊緣化，所以在高層面前極盡諂媚，像隻哈巴狗；因為沒有自信，害怕職位被下屬取代，所以打壓、搶功毫不手軟，用高冷不可親近的模樣拒絕跟下屬溝通，像隻禿鷹。

職涯二十年雖換了超過二十個公司和職位，但我非常清楚自己的利基（Niche）就是公關行銷能力，不管換到哪個位置，我從不間斷掌握發揮自己的利基，持續累積精進這方面的實力，讓自己擁有更穩固的不可取代性。另一方面，部門同仁做的工作，我要求自己不僅都要學會，而且要做得更好。我知道唯有自己夠強大，才能有足夠的自信心用ＫＰＩ具體績效取代對高層的諂媚；才能有足夠的自信心憑藉專業實力取代打壓搶功，讓下屬心服口服、願意追隨。

「向上管理」不見得要百依百順、逢迎拍馬，而是要以實力贏得信賴，不斷創造自我價值。很多與我共事過的人會覺得，我的提案似乎都比別人更容易過關，其實這也是有祕訣的。我會先瞭解每個不同審核長官的專長與性格，再來整理提案內容，例如，長官是財務背景，就必須用數字來做提案的有力佐證；如果長官是行銷業務出身，那麼在計畫裡面，就要把所有能用的行銷管道和業務營收預估一一列齊，並且提出創意亮點才能出奇致勝。

「向下管理」以職場倫理打壓部屬是下下策，但也不是要你為了拉近與同仁的關係就鄉愿當個濫好人。我常說爬到「中階主管」這個位置之後，「做人」比「做事」來得重要，因為會做事是基本的，懂得做人才能讓你繼續往上爬。擔任飯店總經理時曾發生件憾事，一位年輕員工不慎把公務車加錯油（柴油車加到無鉛汽油），中階主管來報告時強調，這名員工平時表現很好，加錯油是意外，由於修車費比他一個月薪資還要高，希望公司用公費來修車。我當然可以順著這位主管的意思當個「好人」，但我認為「紀律」更重要，如果原則可以因為個人喜好就打破，那還會有誰遵守紀律？所以仍堅持依照公司規定辦理。但我堅信不教而殺謂之虐，我先清楚向中階主管說明原因，再當著他的面把加錯油的員工叫來辦公室，讓他知道中階主管有幫他求情，也讓他知道為何我不同意。我告訴他他還年輕，必須明白要為自己犯下的錯誤負責任，如果這課他學起來了，未來前途不可限量。最後中階主管認為自己也有督導不周之嫌，主動表示願意幫員工分攤修繕費；員工除了感謝中階主管，也心甘情願跟人資簽下切結書分期從薪資扣款，這件事圓滿落幕，也清楚樹立我的管理風格。我想，「閱人無數」絕對比「悅人無術」來得好！

你一定批評過你的主管「沒有擔當」、或是「只會傳達指令的傳聲筒」。在我擔任主管時，也面對過類似的質疑。那時候，我擔任花蓮縣觀光處長，有一回縣長直接在主管會議上，把一個預算編在他局的業務交到我這邊來，當下我雖錯愕，但不可能當著所有局處長的面拒絕縣長；會後，我婉轉地向縣長報告，但因花蓮以觀光立縣，縣長仍希望該業務由觀光處執行。消息帶回處內，果然哀鴻遍野，同仁們心中應該都在嘀咕處長不該不懂拒絕，增加了他們原本就已吃重的工作量。

處理這次「向下管理」的過程，我謹守幾個原則，首先不做過多的澄清，避免同仁抱怨的對象變成我的長官，也就是指派任務的縣長，防堵流言蜚語造成更大的傷害；其次，我積極與同仁溝通，說明此業務的重要性以及與本處的關聯性，並捲起袖子跳下去陪同加班奮戰，讓大家知道，我與他們同一陣線、共同承擔，同仁絕非孤軍奮戰。

有些主管會刻意想和部屬親近，但其實主管與部屬之間的關係，最好是「有點黏又不能太黏」，分寸的拿捏要很小心。為什麼呢？我用德國知名哲學家叔本華的「豪豬理論」做解釋，你就會明白。

「豪豬理論」又稱「刺蝟困境」，這個比喻是說，冬天豪豬群會想靠在一起取暖，但只要靠得太近，就會被彼此身上的刺刺傷，所以必須維持一個剛剛好的距離，安全的溫暖對方，同時也讓對方溫暖自己。職場上，「上」與「下」之間的距離親疏也是如此，靠得太近，難保不會被最親近的人出賣、離得太遠則要小心被邊緣化。

至於「向上管理」與「向下管理」孰輕孰重？所謂「攘外必先安內」，所以，主管必須先建立團隊的向心力。畢竟一個人只能走得快，沒辦法走得遠，打仗還是需要靠團隊，當內部團結一起並肩作戰，交出好成績，部門被看見，說話就會有分量，也就不會被別人侵門踏戶了。

★職場加分金句：

1. 中階主管必須靠實力讓下屬信服，讓高層信賴，如果只是一味的對下耍官威、對上逢迎拍馬，只會讓人瞧不起。

2. 把「不合理」的任務帶回部門時，比起無謂的解釋，捲起袖子一起加入戰鬥行列，把自己的資源拉進戰力中，讓任務完成更重要。

3. 攘外必先安內，先建立團隊的向心力，才能對外打仗。

4. 一個人走得快，一群人才能走得遠，打仗還是需要靠團隊。

Chapter

21

別懷疑，帶團隊＝帶團康

團隊要能運作，必須先找出組織中具影響力的意見領袖，讓意見領袖帶動行動力，就像綁粽子要先抓出串粽子的繩子，起頭的這個動作做得越準確、越扎實，後續串粽子就會越順手，串起來的粽串更有分量；或者說是蓋高樓得先架好建築物的鋼架，搭建起來的房子才會穩固、高聳。

如果我告訴你，職場上帶領團隊，就像在營隊活動裡帶團康，你相信嗎？

現在的企業，不管規模大或小，面臨的最大問題都是「找人」。相較過去的教育方式，新式學校和家庭教育都不再強調服從權威與制度，更著重於鼓勵孩子培養獨立思考和創新能力，這使得現在的人偏向「自我主義」，進到職場難免與諸般規範、倫理發生摩擦。別說公司挑人，年輕人更挑公司，薪水福利、企業前景、甚至主管、上班地點都在意，對主管而言，要管理這樣的年輕團隊更加不容易。

因為年輕人的個性、想法、態度都已經不一樣，管理工作自然必須更貼近他們的經驗。二〇二〇年底知名企業鼎泰豐，在疫情重創營業額的情況下，集結戲劇、舞蹈科系的九名員工，演出舞台劇作為教育訓練的一環，除了透過角色演出培養同理心，也是企業試圖以年輕人熟悉並喜歡的型態，抓住員工的心。我用「帶團康」來相比擬帶團隊，出發點也是一樣的。

參加過營隊活動的人，不難發現「帶團隊」和「帶團康」確實有異曲同工之妙！首先，帶團康的第一步是破冰之旅，讓大家彼此認識，帶團隊也是一樣。前面提過，我每到一個新環境擔任主管，均會請人事提供我團隊的組織表和轄下主管的人資表，瞭解每個人的背景後，再進行一對一的約談，從同仁的回應與態度做進一步的認識，認識團隊成員後，讓適當的人坐到適當的位置，適得其所、各司其職。

團隊要能運作，必須先找出團體中具影響力的意見領袖，讓意見領袖帶動組織的行動力，就像綁粽子要先抓出串粽子的繩子，起頭的這個動作做得越準確、越扎實，後續綁粽子的工作就會越順手，串起來的粽串更有分量；又如蓋高樓得先架好建築物的鋼架，搭建起來的房子也會越穩固、越高聳。

剛接任雲品餐飲部業務時，飯店內六家餐廳共一百多名員工，分內場和外場，也就是廚房的工作人員和餐廳現場服務人員。由於餐廳每天生意量不一樣，例如假日時，自助餐的生意特別好；有大型宴席時，中餐宴會廳就忙不過來，因此，整個餐飲部工作人員幾乎是打散編制、機動出勤，我接管時即發現這樣的型態缺乏組織，讓同仁沒有團隊向心力。

於是我先將外場六位理級以上的同仁找出來，依照他們的專長各自分配管理一個餐廳，並要他們各自去組織自己的團隊，各餐廳需要協助支援時，就找其他餐廳主管協調，透過這樣的方式讓餐飲部有更多橫向的聯繫，彼此合作。

雲品同仁小三鐵與趣味競賽，大家同樂，落實「帶團隊＝帶團康」精神

除了合作關係，彼此也充滿競爭。所謂有權有責、賞罰分明，我要求各餐廳必須對自己餐廳的業績負責，鼓勵外場服務人員與內場廚師開始對話，藉由溝通拉高團隊戰力。餐飲部建立各廳的團隊之後，如同充滿生命力的活水，不停湧動，就像團康活動破冰之旅後的競賽遊戲，各隊領導帶著團隊過關斬將爭取榮耀。雲品餐飲部組織建立完成並運作順暢後，每個月都達到預算目標，餐飲部同仁上自經副理、

下至洗碗大姊、實習生等，各個都能領到業績獎金，真實感受到自己的努力獲得實際的鼓勵後，大家工作更加賣力，不僅客訴大大降低，業績表現更是屢創新高。

面對組織編制裡那幾條關鍵——「串粽子的繩子」（即小主管），有幾個重點必須掌握。很多領導人常因「看不下去」，直接跳下去指揮基層員工，其實這是對小主管的不尊重，會打擊小主管的信心，所以我無論再怎麼心急，仍須不斷提醒自己，要由小主管去跟他們的團隊溝通，放手讓小主管擔負帶領團隊的權責。如同在帶團康時，大哥哥大姊姊一定要讓各隊選出的隊長發揮領導力，才能達到原先設定的最佳效果。

調整組織、人盡其才、充分授權，讓團隊各盡其才、各司其職之外，有種無形的氛圍還需要花時間營造，那就是團隊的向心力。領導人必須讓同仁們知道，公司對他們的重視與關心。初任花蓮翰品總經理時，我積極參與員工日常，發現員工餐廳環境非常髒亂，於是發動全員一起整理，就連我這個總經理也不例外，接著再提撥預算要求工務部門進行修繕，讓員工有一個舒適的用餐和休息環境。當時，多位同仁反應員工餐過油過鹹不合胃口，於是我請中餐廳主廚協助指導員廚的廚房媽媽，接著又宣布每月固定第一個周二為「總經理員廚日」，由我親自做菜給所有同仁品嚐，一來表達對同仁們的心意，二來也讓員廚的廚房媽媽瞭解公司對員工餐的重視。一餐八十人份、四菜一湯一甜點，從開菜單到備料、烹煮，從一大早八點鐘忙到十一點鐘上菜，雖然辛苦，但卻值得！不論是帶團隊或帶團康，吃的幸福總是讓人最印象深刻。

直到今天，當年與我一起在花蓮翰品打拚的同事對「總經理員廚日」還念念不忘。與其說總經理廚藝了得，不如說，這一個月一次的總經理員廚日，讓每一位同仁感受到滿滿的關心和尊重。

★職場加分金句：

1. 先找出團體中具影響力的意見領袖，就像綁粽子前抓出綁粽子的繩子，讓意見領袖帶動組織的行動力。
2. 缺乏組織、編制鬆散，會讓團隊無法凝聚向心力，展現不出戰力。
3. 有權就要有責，賞罰必須分明，別讓同仁覺得「努力不努力，結果都一樣」。
4. 領導人不可直接指揮基層員工，這是對小主管的不尊重，更會打擊小主管的信心。

7

PART

創意肥皂哪裡買

「總經理，你的肥皂是哪個牌子的？」在花蓮翰品擔任總經理時，有位同仁突然如此問我。原來，我開會時的起手式常是：「昨天我洗澡時想到……」，因為太常將這句話掛在嘴邊，於是同仁紛紛好奇：「總經理怎麼能洗個澡就想到那麼多創意？」、「這麼好的創意肥皂要去哪裡買？」真的有「創意肥皂」嗎？當然有！而且不一定要花錢，重要的是用對方法。

Chapter 22

腦力激盪，三個臭皮匠勝過一個諸葛亮

帶領同仁發想新創意時，各單位主管難免存在「本位主義」，幾乎都抱持「不是我單位的事就少發言」，或「盡量把事推走」的心態，於是我拿出一根筷子要年輕男同事試著折斷，同事毫不費力地完成；接著我拿出一把筷子，要他再試試，結果當然是折不斷。雖是眾所皆知的故事，每個人也都懂「團結力量大」的道理，但擺在眼前時更顯真實。

飯店業是一年三百六十五天、一天二十四小時，全年無休的行業，因此，隨時掌握狀況、更新資訊是很重要的事。為此，在日月潭雲品酒店或是花蓮翰品任職期間，除了假日，每天早上八時三十分都要開主管會，我非常看重這個會議，規定同仁不得無故請假，甚至，要求遲到五分鐘就得請所有與會同仁喝飲料。某次，我遲到了，被同仁們拗請星巴克，荷包失血三、四千元，心痛呀！但也確立了我開會的遊戲規則。

這個會議為什麼這麼重要？如果按照傳統的開會形式，各部門輪流做完業務或進度報告，會議也就差不多結束，若是如此，我覺得事後補資料，或是派代表出席也沒差。但在我主持的會議裡，這些「文字」、「數字」都不是重點，我要的是每個人「腦袋裡的創意」，我希望把握各部門主管齊聚的時間，進行腦力激盪，讓大家共同參與創意發想和決策過程。

剛開始，各單位主管難免存在「本位主義」，幾乎都抱持「不是我單位的事就少發言」，或「盡量把事推走」的心態，於是我拿出一根筷子要年輕男同事試著折斷，同事毫不費力地完成；接著我拿出一把筷子，要他再試試，結果當然是折不斷。每個人都懂「團結力量大」的道理，擺在眼前時更顯真實，我告訴同仁：「就算我們不是天才，但三個臭皮匠絕對勝過一個諸葛亮，大家團結一心，才能做到單打獨鬥做不到的事。」

在花蓮翰品想變革尤其困難，因為當時飯店一百四十多位同仁的平均年資超過七年，四分之三以上一級主管的年資在二十年上下，要怎麼讓他們動起來？當時剛好看到一則「中國八十歲老鮮肉——王順德」的報導，深受感動之餘，我也在會議上與同仁分享，我告訴這些年紀和年資都比我這個總經理大的同仁們說：「這位北京最帥老爺爺，八十歲了才踏入演藝圈，走秀、演戲樣樣來，你們才六十歲算得上老嗎？」我也用王順德接受訪時所說的話來鼓勵同仁，報導中王順德說：「判斷你老不老的方法之一，是問問自己，還敢不敢嘗試從未做過的事？」此後，同仁們彷彿吃了仙丹，越活越年輕，也越來越勇於接受挑戰。

調整觀念後，要想發揮出腦力激盪的成果，還需要清空腦袋裡的「負面聲音」，因此會議上，我要求大家不管聽到什麼意見或建議，都先不說「不」，不能在還沒有嘗試前就已抱著「經費不足」、「時間不夠」、「人力短缺」、「設備限制」等負面思維；思考方式應該改為：「我的部門可以如何因應達成這件事！」為了誘導大家腦袋動起來，我在主管群組和會議上大量分享從報章雜誌、網路、新聞裡找到的各項創新資料，希望透過國內外發生的有趣實例，刺激同仁有更多不一樣的想法，所有天馬行空的發言在會議中都不會被制止，也不會被嘲笑。就這樣，靠著大家腦力激盪，果然「震」出了許多好成績：

二〇一八年雲品的西點主廚阿祥師創作了一款「慈母手中線」母親節蛋糕，球形蛋糕體上以南投竹山盛產的紫地瓜泥擠成條狀毛線球造型，再架上兩根細長餅乾做的造型勾針，這款蛋糕在該年《蘋果日報》全台飯店母親節蛋糕比賽中，造成轟動並獲獎。二〇一九年我來到花蓮翰品，西點主廚向瑾君以被稱為慈母花的花蓮特產「金針花」為主題，與財團法人石材暨資源產業研究發展中心合作，運用他們獨門技術低溫壓磨的金針花粉取代麵粉做成蛋糕體，內餡再以花蓮在地洛神、枇杷、山苦瓜、剝皮辣椒做成的四顆心型軟糖，象徵母親養育子女過程中的酸、甜、苦、辣，這款內外兼備創意十足的蛋糕，也獲《蘋果日報》特別推薦。

除了美食創意不斷，活動的創意也令所有參與者回味無窮。二〇一六年正值各校

EMBA瘋運動的時候，適逢農曆七月淡季，我們特別挑了住房率最低的日子，推出由飯店主辦的雲品第一屆趣味小三鐵活動，募集十隊、每隊六人，進行海、陸、空三樣競賽，善用日月潭環湖公路美景以及飯店無邊際泳池和全台唯一三層樓高攀岩場優勢，搶攻EMBA和團體散客市場。創意是最省錢的行銷活動，當你煩惱如何拓展績效時，也許可以從創新和創意著手。

一個腦袋怎麼可能想得贏十個腦袋瓜，如果當長官的只會下達指令，要部屬執行，那麼就是放著十顆腦袋瓜不去動，讓自己想破頭，何必呢？事實證明「頭腦風暴」迸出來的點子，更加有趣且叫人驚喜，因為是經過「大家一起想出來」的計畫，沒有人是局外人，是彼此共同的「創作」，每個人都希望有好的成果，因此後續像是文宣、行銷、推廣等，不用特別交代，大家都會主動把事情做好。這樣的運作模式建立後，本位主義被打破，大家更有參與感與成就感，一個又一個奇蹟就這樣在「不可能」中被創造出來！

★職場加分金句：

1. 創意從腦力激盪開始，腦力激盪從天馬行空開始，一開始不設限，才能想出有趣的點子。
2. 在會議上一起腦力激盪想出來的創意發想，大家有參與感，所以有榮譽心，成效才會更好。
3. 判斷你老不老的方法之一，是問問自己，還敢不敢嘗試從未做過的事？
4. 面對問題，先把腦子裡的「不可能」三個字拿掉。

Chapter

23

誰說一定要蕭規曹隨？減項服務如何做

許多從事服務業的人有一個迷思，以為服務越多，客人就會越滿意？其實不盡然，如果沒有掌握客人的需要，他要的你沒給，你給的他不要，客人能給你五顆星的滿意度嗎？

二〇一八年，就任花蓮翰品總經理沒多久，我就取消了飯店開館以來「總經理親簽迎賓卡」的傳統，會這麼做不是偷懶，更不是標新立異搞叛逆，與生俱來的「狼性」讓我向來不怕改變，勇敢走自己的路！

容我解釋一下「拒簽」理由。當時花蓮翰品有一項傳統，會在客房放一張「總經理親筆簽名迎賓卡」，展現對房客真摯歡迎。為此，內部作業是一次將五百張迎賓卡，拿來請總經理手寫親簽，少說也得花上半小時，對我來說，把寶貴時間花在「簽名」這件事上，非常不划算。所以當這五百張迎賓卡擺在總經理桌上「待簽」時，我首先思考：「客人真的在意迎賓卡上的總經理簽名是否為親簽嗎？」、「迎賓卡若非總經理親簽，會影響客人的對飯店整體服務品質的感受嗎？」很快的，我心裡有了結論。我告訴房務主管，以後客房迎賓卡改用總經理電子簽名檔，儘管不少同仁反對，強調這是飯店開館以來的傳統，但我告訴他們：「不管是人力或是經費，都應該花在有效的服務上，否則就是浪費。」說服同仁之後，我順利地拿回我那寶貴的「半小時」。

我上任後的「減項服務」改革不只這樁。當時國人已經習慣從手機裡「滑新聞」，鮮少人閱讀實體報紙，但飯店還是依循傳統，每天固定提供房客報紙。因為住在館內，我觀察發現，退房後很多報紙是原封不動的被回收丟掉，因此我決定以「被動提供」取代「主動提供」，並將六大報各擺一份在餐廳和公共區域，有需要的客人一樣可以得到服務。對此，不少同仁擔心：「星級飯店都有提供房客報紙，花蓮翰品貿然取消，恐怕給房客不好的觀感。」但我以虎航為例：「現在最紅的廉價航空一票難求，難道是因為提供很多服務嗎？」，我要大家去思考，為什麼消費者對標榜「減項服務」的廉價航空買單。

花蓮翰品酒店採西班牙蒙德里安式設計，再加上獨家與世界知名繪本老師幾米合作，繽紛的色塊搭配兩層樓高的「擁抱獅」，開幕之初就成為花蓮新興拍照景點，尤其每當太陽下山，外牆燈光亮起，更是美麗吸睛且壯觀。但我發現，每晚開燈帶來龐大的電費負擔，再加上政府大力宣導節能環保愛地球，過量用電恐怕會給飯店帶來負面形象。於是我請 Concierge 同仁觀察旅客在翰品拍照的時間點，果然，同仁發現晚上九點過後，幾乎就不再有遊客，於是我們大膽把原本「十八時到二十二時」的四小時點燈時間，縮短為「十八時到二十一時」。

別小看取消訂報、減少一小時亮燈的成效，飯店因為這兩項「客人無感」的改革，一年省下二十幾萬的經費，所謂「有錢好辦事」，有了這筆多出來的經費，就可以大刀闊斧拓展讓客人有感的「增項服務」！

當時，飯店一樓有一個十坪左右的密閉空間，不定期提供地方藝術家舉辦展覽，維運地方關係，但我發現即使在展覽期間，走進來看展的人也不多，因此決定調整空間配置，提高坪效。我把一樓原本拿來堆放新人婚禮寄放物品的小房間，改為辦展場所；將十坪的空間騰出變身為「Kid's Happy Hour」場所，因為花蓮翰品酒店是 Trip Adviser 評選全亞洲最佳親子飯店，所以我判斷，我們的主要目標對象應該是小朋友。

大人的「Happy Hour」是各類酒品無限暢飲；小朋友的「Kid's Happy Hour」應該要有爆米花機和棉花糖機、有各式糖果餅乾、果汁汽水、有白雪公主姊姊，甚至特定節日遊客多的時候，我們還會派飯店吉祥物——擁抱獅，或聘請魔術師、折氣球達人現場表演，與客人同樂。

有了「Kid's Happy Hour」這個創意和空間後，花蓮翰品每一季都會更換不同主題，從小朋友最愛的「糖果屋」，到彈珠台、戳戳樂、皮球糖、彈珠汽水等復古童玩柑仔店為主題的「童樂會」，再引進全台飯店唯一的「地板鋼琴」，打造愛麗絲夢遊仙境的

全國第一家引進地板鋼琴的飯店

「奇幻世界」，每一個主題都讓小朋友驚呼連連，有吃有玩有得拍照，大小朋友在開心互動的過程中留下深刻的旅遊回憶。甚至也有效紓解了假日來不及清房的壓力，因為客人進館時，還有不急著進房的好去處。

產品不一定越新越好、服務不一定越多越好，減法服務需要用心看見時代的改變和客人真正的需要，更重要的是勇敢做出改變。一個有想法和創意的人，不會事事蕭規曹隨，創意會讓你走出自己的路。

多元智能測驗

你不會用爬樹的能力評斷一條魚，那你為什麼覺得自己做不好？如何用正確方式衡量自己？

【掃描 QR CODE 立即測驗】

【網頁版】https://www.hollandexam.com/Exams/multi-ints/examDefault

★職場加分金句：

1. 因循傳統，讓人忽略時代改變而必須做的變革，阻礙進步，是敗落的開端。

2. 減項服務不等於服務減分，減項之後才有機會做增項服務。

3. 一個有想法和創意的人，會看到時代的改變和真正的需要，不畏改變才會讓你走出自己的路。

Chapter

24

從來沒人做過又怎樣？從 Try Try See 到 I See U

夏天受歡迎的游泳池，冬天只能閒置嗎？星級飯店如何趕搭「寵物主題」吸引目光？每次想要挑戰一些新的計畫，就會聽到「沒有預算」、「沒有工具」等等回應，面對種種「因為沒有，所以不行」的藉口，該怎麼辦？

任職日月潭雲品、花蓮翰品時，我發現一個現象：飯店要推新菜時，很多主廚第一時間會上簽呈反映需要買新餐具；要求西點房設計幾款有話題性的新品，師傅會回覆沒有模具。難道創意只有在萬事具備下才能實現？其實這都是腦中的負面聲音在作祟，如果以正面態度迎接挑戰，我的經驗告訴我，再難也能達成，結果就算沒有一百分，也是「雖不中亦不遠矣」！

一再聽到西點師傅以「模具設備不夠，無法推出長官想要的新品」推託後，我從IG上面找到「法式甜點與鞋子浪漫邂逅」的照片，這是一位巴黎甜點師傅每天的分享，照片裡的主角是自己的鞋子和甜點，看似八竿子打不著關係的兩樣東西，在甜點師傅的巧思下，不管是色系或是造型，和諧而有趣。我便問主廚，這裡面的甜點需要開模嗎？我希望主廚能改變思考邏輯，抽離「做不到」這個負面想法，重新思考，當創意非做不可時，該怎麼進行？

當思維改變之後，同仁的腦袋像是被打開天靈蓋般的大鳴大放，雲品的中西點房可以配合飯店一年三季「泉之都」（十月至隔年一月）、「花之都」（二至五月）、「水之都」（六至九月）主題，設計出呼應的特色甜點，不僅餵飽記者報導的胃口，也讓常客每次造訪都能有全新感受。花蓮翰品西點房在暑假旺季，主動製作比孩童身高還高的「海底世界」蛋糕餐檯造景，完全符合花蓮海洋城市的形象，吸睛百分百。向瑾君主廚還從日本流行的妖怪眼球零食，發想出專屬翰品的「嘴巴餅乾」，喜、怒、哀、樂四種嘴部表情的餅乾，可以擺在嘴巴前當拍照道具，逗趣效果十足，非常受歡迎。另外，中

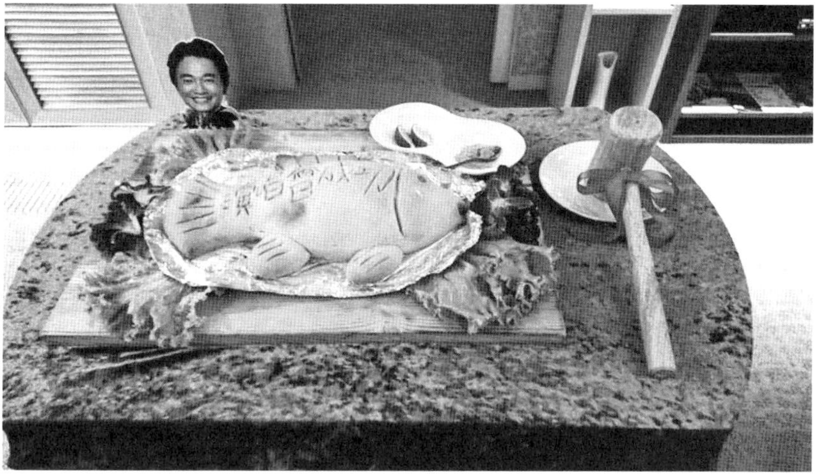

創意料理「年年有魚貴妃香」

餐廳林志雄主廚也以花蓮盛產的壽豐西瓜做成生魚片造型，幾可亂真。此外，以鹽焗魚為發想的「年年有魚貴妃香」，使用花蓮特產的貴妃魚，再搭配讓主賓「三敲」破開鹽磚的有趣儀式，討喜又有趣，一推出即勇奪兩岸十大名菜。

也許有些人認為創意又如何？偶發的活動能當飯吃嗎？我必須說，只要找出問題癥結，創意的確能帶動業績。擔任花蓮翰品總經理時，我發現受東北季風影響，飯店每年十一月到隔年五月，竟有長達半年是淡季，研商分析後，我認為即便旺季住房天天客滿，也無法在數字上有更亮眼的突破，應該要努力改善的是，正面迎戰過去被視為「不可逆因素」的淡季。

我首先想到飯店的游泳池，翰品戶外泳池因為周圍有可愛的幾米大型裝置藝術，在夏天十分受歡迎；但冬天因為天氣太冷，泳池關閉，自然也影響來客意願，如果游泳池在冬天也跟夏天一樣好玩，應該能成為新賣點！我借鏡國外，某些度假飯店在帶遊客去潛水前，會利用飯店泳池進行教學，於是我推出「翰你獨享四季海洋住房專案」，房客可以在專業教練教授下，先在飯店泳池學習划獨木舟的技巧。這個創意，讓花蓮翰品佔盡媒體版面，成為全台第一個具有獨木舟館內活動的飯店；隔年冬天，我和同仁一起想出一個更酷的點子，我們把泳池的水放光，利用下嵌的泳池擋住東北季風，再搬來一些廢棄輪胎，讓泳池變身兒童專屬的賽車場。這些創意不僅成功創造新聞話題，更吸引了遊客在淡季入住，讓翰品的業績屢創新高。

很多人雖有創意，卻受限沒有預算而流為「空想」。下章我們再來分享，如何利用手邊現有資源創造「Win Win」雙贏局面。

運用巧思與創意，游泳池化身兒童賽車場

有一陣子，台灣流行「寵物旅店」，所謂「寵物旅店」並非旅客可以帶貓狗入住，而是旅店本身飼養可愛的寵物供客人觀賞、互動。花蓮翰品畢竟是星級飯店，想搭「寵物」這個主題也太難了吧！但面對問題、抽離負面思維、想出解決對策，「不可能」就變「可能」啦！

飯店裡可以養什麼寵物？首先體型不能太大，要好養好照顧，不能到處亂跑、不會亂吠叫製造混亂、還要夠安全，符合以上幾個特點，我發現烏龜非常適合。由於花蓮翰品是以幾米的「擁抱」為設計主題，因此我們把寵物取名為「擁抱龜」。擁抱龜如果只是在飯店的角落當裝飾品，那多沒意思呀？於是我們想出了「一日主人」活動，每日抽出一名房客來擔任擁抱龜的主人，客人入住前，擁抱龜就在房間裡等候，旁邊還備有一本心情記事，讓旅客寫下與擁抱龜相處的心情。這個活動得到熱烈迴響，許多小朋友要求重遊花蓮翰品，為的就是再看看自己曾餵養過的擁抱龜長大了沒。

有人坐等機會降臨，但成功的人多半主動創造機會，從來沒人做過又如何？Try Try See，也許就能讓全世界看見你——I See U！

★職場加分金句：

1. 只要願意正面迎接挑戰，就有機會，怕的是還沒開始就說「我不行」。
2. 沒有人做過，不代表不能做，不試，怎麼知道行不行？
3. 面對問題、抽離負面思維、想出解決對策，不可能就會能變可能。

Chapter 25

善用Win Win的雙贏合作，創造共好

我習慣每到一個新地方任職，先不預設立場地盡可能走訪「在地ㄟ」，一方面是拜碼頭、二方面是搜尋未來可合作的對象。當計畫啟動，再一一盤點已收編入帳的合作清單，以「SWOT」分析尋找合適對象，以我強補他弱、借他強讓我更強，創造Win Win雙贏共好的結果。因此，對別人來說，沒錢什麼事都做不了；但對我而言，沒錢還是可以做好事。

前章提過，許多人認為：「沒錢，再好的創意也是空談！」這點我並不認同，因此，我想分享職涯二十年中，如何利用手上的資源，在不增加經費的情況下，創造「Win Win」雙贏。

多年來我習慣每到一個新地方任職，先不預設立場地盡可能走訪「在地ㄟ」，一方面是拜碼頭、二方面是搜尋未來可合作的對象，我會將他們一個個放入私人人脈存摺，當計畫啟動，他們就成了我手上的重要資源。例如，當年冬天淡季在飯店游泳池划獨木舟的創舉——「翰你獨享四季海洋住房專案」，合作對象是花蓮獨木舟「不老水手」催生者——蘇帆海洋基金會的蘇達貞老師。這個合作案，翰品以擅長的媒體公關行銷協助蘇帆推動海洋環境教育理念，蘇帆則以獨木舟專業成功為翰品住房專案加分，吸引遊客於淡季入住嘗鮮；而住客也可以在飯店輕鬆體驗感覺難度很高的獨木舟，超越雙贏，達到了「Win Win Win」我方、合作方和飯店客人三贏的共好局面。

花蓮觀光產業普遍深受冬天東北季風所苦，包括遊艇業，因此我鎖定剛添購新船的蔚藍海岸遊艇公司積極洽談合作事宜，除了推出私人遊艇趴、遊艇迎曙光、遊艇下午茶等活動外，更於一一一一單身日將近時，聯合推出「一一一變二二一成雙成對遊艇聯誼派對」活動，男女單身住客 check in 後，即驅車到碼頭搭乘遊艇到內海，船上配備五星飯店餐點、專業聯誼主持人和卡拉ＯＫ，全程三個小時，讓客人在遊艇上吃美食、玩遊戲，體驗不一樣的聯誼經驗，遊艇業者和飯店業者聯手，在淡季賺到宣傳曝光的機會，也讓遊艇趴成為花蓮旅遊新玩法。

不知道你注意到了沒有？沒錯！創造「Win Win」並非「路邊隨便攔一個人談合作」，而是要先用「SWOT」分析自己的劣勢是什麼、需要什麼樣的人來協助，而自己又擁有什麼優勢，有資格去找別人談合作。不只分析自己，也要用「SWOT」分析對方，他們需要什麼？能從合作得到什麼好處？只有把這些問題預想清楚，才能主導有效談判，進而達成目的。想要成功創造「Win Win」，同理心很重要，不能只想著自己的好處，千萬別把別人當冤大頭。

任職花蓮翰品總經理時，客房所準備的迎賓小點心，受限於成本考量，流於制式、沒有特色，我無意間注意到當地伴手禮店「曾師傅」推出一款「花蓮曾棒」米餅，靈機一動：「何不找這家業者推出聯名商品——『翰品曾棒』，取代目前飯店的迎賓小點心？」

分析情勢發現，當時「曾師傅」雖然不是花蓮最知名的伴手禮業者，但非常積極打入一線品牌市場，所以亟需曝光，於是，我告訴曾師傅代表葉小寶經理，如果曾師傅與花蓮翰品合作推出聯名商品「翰品曾棒」米餅，飯店會主辦記者會，讓曾師傅與五星飯店一起曝光；同時採購「翰品曾棒」米餅作為翰品酒店的客房新迎賓小點心，讓每天一百九十七間房、三百多名的房客有機會親自體驗曾師傅這個品牌；我再加碼清出飯店一樓賣店的黃金櫃位，寄賣「翰品曾棒」米餅，抽成讓利。談到最後，業者不僅欣然同意合作，並承諾自行吸收印製「翰品曾棒」外包裝的開模經費，我在沒有增加一毛錢預算的情況下，成功讓花蓮翰品有了量身訂製的冠名迎賓小點心。

其後，為了讓飯店VIP套房所提供的服務與一般客房有所不同，拉高房價，我找上半官股的台海生技公司（台肥集團）。當時，台海生技公司推出一款海礦礦泉水，富含天然深海礦物質，喝來如甘蔗汁甘醇，每瓶市價新台幣一百四十元，是全台灣最貴的礦泉水。以飯店的預算成本，根本無法進貨，但我評判，半官股的台海生技比較在意品牌行銷的KPI，因此我向台海黃麗瑷董事長提出，只要她給予我超殺優惠進價，我就在花蓮翰品VIP套房內擺放海礦礦泉水，並製作精美產品說明小卡，透過體驗行銷讓飯店高端客群認識海礦礦泉水；此外，我也在被譽為全花蓮最頂級自助餐的翰品西餐廳餐檯上新闢「深海の滋味 台海深滋味專區」，以台海的石蓴、鹽滷、海木耳等原料做成創意料理，包括海木耳巧克力蛋糕、石蓴蒸蛋等，讓更多人知道台海的研發成果。當然，我依舊以翰品最擅長的媒體公關主辦記者會，增加台海的媒體露出。找到對方的需求，便能再度在沒有增加經費的情況下，成功創造「Win Win」。

後來，我被五星縣長徐榛蔚延攬入閣，擔任觀光處長，我持續透過資源整合、資源共享，推出了很多跨越產、官、學、媒的異業合作案。例如：花蓮獲評全國空氣品質第一名時，我立刻找了關係很友好的華信航空和立榮航空贊助機票，推出「大口呼吸」活動，只要在花蓮景點拍下創意大口呼吸照片並上傳活動專頁，吸引按讚數最高前二名，就能獲得國內航空花蓮來回機票。第二波「大口呼吸——天天遊花蓮、周周抽總套」活動，則以過去擔任花蓮縣觀光旅館同業公會理事長的「惡勢力」，廣邀星級飯店贊助一間總統套房作為活動贈品，十家頂級星級飯店的總統套房加總起來，贈品價值已破百萬，自然又成功獲得媒體和民眾青睞。第三波「大口呼吸——花蓮特色民宿等你住」活動，相中佔全台最多名額的民宿業者，鼓勵他們各贊助一間特色民宿作為活動贈品。公部門辦活動每每都要看議會臉色，沒有編列預算什麼都做不了，但是我卻在沒有花什麼錢的狀況下，結合花蓮整個觀光產業力量，熱熱鬧鬧辦了三波行銷活動，讓花蓮持續性的搶佔媒體及網路版面，進而悄悄爬上消費者國旅第一首選的品牌階梯寶座。

有錢好做事，沒錢也不一定成不了事。重點是要懂得善用手上的資源，冷靜以「SWOT」分析、再掌握溝通技巧，「Win Win」雙贏的合作，能讓許多不可能變為可能。

★職場加分金句：

1. 平時要多建立人脈，有需要時先盤點手上的資源，並以「**SWOT**」冷靜分析，尋找適合的合作對象。

2. 談合作必須以同理心出發，不要盡想著自己的好處，也要看見對方的需要。

3. 合作對象不一定要挑最好的，而是要彼此都可以讓利，並在合作中均有所得。

4. 要學會整合手上的資源，找人合作，建立「**Win Win**」雙贏的合作模式。

Chapter

26

公部門能有創意嗎？半年開通兩條國際航線，怎麼做到的？

很多人聽到我在花蓮觀光處長任內，僅半年多的時間，就為花蓮開闢了兩條國際航線，都覺得不可思議，當我敘述完整個努力過程，對方更是佩服不已。雖然我對自己能達成這件事也頗為驕傲，但說穿了，就是「做事」或「做官」的差別而已。

二〇一八年十二月，我離開私人企業，首度進入公部門，擔任花蓮縣觀光處處長一職，當時滿腔熱血，希望能將累積二十年的經驗，為地方帶來改變。但初期，我日日都在懷疑自己的選擇是不是錯了。

一開始，發現公務員普遍存在「明哲保身」、「臭臉武裝」、「少做少錯」的「潛規則」，加上各項法規、公文流程等繁瑣的限制，我感到「空有一身武功，卻無法施展」的挫折。但還沒努力就放棄不是我的作風，不服輸的「狼性」加上不怕難的「傻勁」，決定以帶團康「破冰」的方式，先從改變辦公室的氣氛做起。我每天亮麗有精神的出現在同仁面前，一進到辦公室就滿臉笑容大聲地跟同仁問早，一回兩回之後，同仁們每天也會互道早安，同時開始打理外表，所謂的「蝴蝶效應」就此展開——主管把自己打理得整齊漂亮，下屬自然不會全身邋遢；主管笑口常開，下屬當然不會鎮日愁容，這就是「一朵花會讓滿室芳香」的道理。

我以IBM全球知名科技企業自詡為服務業這件事，要同仁思考當一個公務人員是否也應該「客戶導向」，拿掉內心與外表的冷漠傲慢，用「心」為人民做事！當辦公室的氣氛改變，我著手帶領團隊讓一個又一個有趣的創意實現。藉此特別謝謝我的團隊：張志翔副處長（現任花蓮觀光處處長）、佳陵專員、秘書郁晴、助理馨瑩、加昌科長（現任花蓮觀光處副處長）、勇哥、阿寬、竹安、胤桓、筱雲、政穎（希望你在天上都好）等科長。

如果在google搜尋「疊石」二字，第一個搜尋結果便會跳出「七星潭」，這就是我在花蓮觀光處推出的七星潭新玩法。這個活動的發想，來自想為早已為人所知的七星潭景點增加儀式感和新鮮感，心想在風景漂亮之餘，還必須運用故事行銷，才能讓景點更深植人心，就像熱戀情侶一定要到巴黎藝術橋朝聖，攜手繫上愛情鎖；想要求得好運氣，就得到義大利羅馬許願池丟銅板祈願一樣。

當初在為七星潭尋找合適儀式的時候，想過風箏、想過立槳、想過沙雕，但地屬岩岸的花蓮七星潭，海岸陡峭不說，東北季風更是強勁，根本不適合以上活動；倒是岸邊遍布很多大大小小的鵝卵石，我留意到曼波海灘有一家民宿已經連續三年舉辦疊石比賽，於是我特別前往拜訪民宿主人——疊石達人陳建貴，我向他說明，現在世界各地山林河海很流行疊石，但台灣還沒有一個風景區以疊石為主打，我想與他合作，推廣七星潭疊石。因為七星潭是縣級風景區，基於生態保護和地理特性，不破壞環境、也不把石頭拿走的疊石活動很適合。我賦予七星潭一個浪漫故事：「相傳相愛的人，只要一起在七星潭堆疊七顆石頭，感情將長長久久。」果然，許多情侶、夫妻，甚至年輕同學都專程來七星潭，希望得到「疊石傳說」的祝福。有趣的疊石加上「愛情傳說」的加持，七星潭立刻在花蓮新十大人氣打卡景點勇奪冠軍。

二〇一九年七夕，包括花蓮縣長徐榛蔚、台中市長盧秀燕等全台七位女性首長及代表齊聚七星潭，共同公布並見證疊石傳說：「7-up 女力向前衝——把愛疊起來音樂會」，活動除了展現台灣強韌的「女力」，更透過疊石和星光音樂會，深化七星潭的浪漫形象。疊石達人陳建貴老師也在場指導民眾疊出創意石頭，創意一經落實，就這樣疊出了七星潭的傳奇！

雖然有心，但也不是每個創意的推動都順風順水。對行銷略有研究的人都知道，成功的 slogan 要能引起注意，必須同時具備好唸、好記和有趣三大特點，為了推動花蓮整體觀光，平衡全境北中南觀光資源，我幽默喊出花蓮好幸福，因為有「兩個太太、三個小山」的口號，這是因為花蓮臨太平洋、擁太魯閣，北花蓮有美崙山（文化之旅）、中花蓮有林田山（生態之旅）、南花蓮則有金針山（農村體驗之旅）。透過「兩個太太、三個小山」這樣的口號，把全縣觀光大串聯，外地人一聽不僅會心一笑，馬上就知道怎麼遊花蓮，儘管這個口號在業界和民間反映很好，卻遭議會抨擊，認為我汙辱女性。

面對莫名指摘，我十分受挫，四下無人處常一人委屈流淚，「我自己也是女性，怎麼可能會做汙辱女性的事呢？更何況，誰說小三一定就是女生？」即便受到議員排山倒海的抨擊，但花蓮觀光行銷一刻不得停，三千多家業者、十五萬人的生計都靠觀光產業吃飯，我擦乾眼淚轉個彎，把 slogan 改成「尋找林美金太太」雙太三山深度遊，只要名叫林美金，出示身分證就能免費到花蓮住宿及一日遊踩線體驗，一樣延續林田山、美崙山、金針山、太平洋、太魯閣主軸，用創意反擊，獲得民間業界大力相挺，活動照樣辦得熱鬧滾滾。

創意不是全盤推翻，而是要懂得借力使力。以花蓮行之多年的吉祥物紅面鴨為例，很多人覺得紅面鴨太老套，應該打掉重練，我卻獨排眾議，認為紅面鴨已經和花蓮畫上等號，此時放棄等於白白浪費了累積近十年的行銷成本，倒不如舊瓶裝新酒，讓紅面鴨升級2.0版，套上花蓮特產，變身成了西瓜鴨（豐田西瓜）、金針鴨（金針山）、客家鴨、乳牛鴨（瑞穗）、月洞鴨（豐濱月洞遊憩區）、鐵人鴨（鐵人三項），甚至找來以黑面膜聞名的Sexylook合作開發紅面鴨面膜，作為活動贈品。現在的創意紅面鴨多變、千面又可愛，周邊商品不斷衍生，是公部門創意展現的最好範例。

主動找出問題、解決問題是我一向的行事風格，有業者向我反映，韓籍旅客來台觀光，習慣定點住宿，通常是住台北，當天來回走訪花蓮太魯閣，這樣的旅遊方式讓花蓮餐旅業者無法實質受益，還被佔走了一票難求的火車票。對此，最好的方式就是讓韓國旅客直飛花蓮，但我接連拜訪了多家國內航空公司，對方都因成本效益興趣缺缺，於是我決定轉而找韓籍航空公司一試。

以「SWOT」分析情勢，韓國因為境內沒有高峰，花蓮的太魯閣對該國民眾很有吸引力，台灣百岳中，單單一個花蓮就佔了四十三座，這是爭取韓國直飛花蓮航線的優勢（Strength）；至於劣勢（Weakness）的部分，花蓮確實沒有台北繁華，但花蓮的機會

（Opportunity）在於當時國際上發生日韓貿易大戰，以往喜愛前往日本旅遊的韓國觀光客，可能因此轉向選擇鄰近的台灣；不過，不能忽略其中威脅（Threat）的因素，即韓國沒有地震，所以韓國人可能會害怕地震頻傳的花蓮。仔細分析利弊優劣後，我認為爭取韓籍航空直飛花蓮的航線大有可為，立即展開行動。

我先拜訪了出入境協會理事長王全玉，王理事長是來台發展多年的韓國華僑，從他口中我了解了很多爭取韓國直飛的關鍵。我總相信當你下定決心要達成某件事情的時候，全世界都會來幫助你；果然，很多貴人接連出現：《旅報》唐偉展總編輯、平安旅行社杜振華副總、白社長、交通部祁文中次長、花蓮航空站吳富和主任、林國勇組長、新瑞旅行社（韓國易斯達航空總代理）王志正董事長及王捷弘經理……，我按著大家的建議積極拜訪各相關單位，包括韓國駐台辦事處、外交部駐韓辦事處唐殿文大使，甚至親自帶領縣內業者代表前往韓國拜訪當地的旅遊業者和航空公司，主動出擊介紹花蓮的優勢，並說明地震雖屬不可控的天災，只要做好防範其實並不可怕。這也是台灣第一個由地方政府帶隊前往韓國的參訪團。

三天的參訪行程中，我們一一拜訪了韓國前八大組團社的台灣線窗口，積極遊說對方要求航空公司直飛花蓮，因為花東基金可以補助每架次二十萬元，花蓮機場還提供免落地費等利多，此外，花蓮縣政府亦將加碼贈送直飛旅客「花蓮好Q」數位消費虛擬幣（「花蓮好Q」也是我任內創舉，以QR Code方式，突破實體消費券的限制，民眾只要透過手機註冊成為「Q粉」，就可以到合作店家「Q店」使用「Q幣」，享受折扣優惠，截至目前為止，累積Q店家數為五百多家、Q粉五萬多人、交易的Q幣已超過一百多萬），等於送錢讓旅客消費。這個參訪團由於工作行程滿檔，事後被同事笑稱為「血汗團」。

所幸血汗沒有白費，我在短短半年內飛了三趟韓國，終於迎來二〇一九年十月二十九日韓國—花蓮直飛首航，每周三班從釜山飛花蓮（雙向）、一班仁川飛花蓮（雙向），機型為七三七—八〇〇，班機載量一百八十九人，預估可為花蓮整體觀光帶來一年約新台幣十億元的商機。除了成功開闢國內第一家韓籍航空公司易斯達從韓國直飛花蓮的航線，我也說服山東航空孫秀江董事長和趙瑜總經理，成功復航山東航空濟南直飛花蓮航線。兩條國際航線開通，讓韓國、大陸的觀光客遊台，第一站就選擇花蓮。

回憶這段過程，很多人說，地方政府的觀光首長怎麼會去做爭取直飛航線的事？也有人說，一個小小的觀光首長怎麼可能爭取得到國際直飛航線？但我始終相信，不要怕做困難的事，唯有完成別人做不到的，才能證明自己不一樣。

★職場加分金句：

1. 一朵花會讓滿室芬芳，如果想改變辦公室氣氛，就讓自己成為那朵散發香氣、帶來改變的花。

2. 主動找出問題、解決問題，問題越大，越要抽絲剝繭地找出關鍵的人、事、物。

3. 不要怕做困難的事，唯有完成別人做不到的，才能證明自己不一樣。

8

PART

後記

從小認真讀書，一路念到台大經濟系、政大新聞所、中國傳媒大學博士班，二十年工作，從小記者開始，由基層慢慢爬到中階主管、高階主管，再到五星飯店總經理、花蓮縣觀光處長，每個過程我都很努力，不只抓住機會進修，讓自己像海綿一樣不斷學習成長，就連打麻將、看《甄嬛傳》，我都從中體會職場的道理與人性、看懂職場的政治學。學習並非全靠書本，努力之外，更需要在生活中了悟人生哲理。如此不斷反省、修正，一步一步把性格中的狼性（動物良善特質：不服輸、不放棄）和娘性（女性良善特質：善良、細膩）磨得更加圓融。

Chapter 27

麻將桌上的職場人生

和大多數的華人家庭一樣，家裡每逢農曆年團圓，總會玩玩麻將熱鬧一下，在我還不能駕馭性格裡的好勝心時，連「賭瓜子」輸了都能翻桌哭鬧；大學畢業後，和好友打牌還是常因輸牌而擺臭臉，搞得一屋子氣氛很僵。一次，從不跟我計較的死黨終於再也看不下去，當眾斥責我——「夠了！」此時心裡才逐漸明白，家人把我當公主寵，但別人不見得會接受我的任性。自知「輸不起」，後來盡可能打「電腦麻將」自娛。

人家說，丈母娘在麻將桌上挑女婿（想知道我如何在牌桌上挑到好老公，請期待我下一本書），我卻是在麻將桌上體悟職場的人性與道理。舉例來說，麻將桌上大家牌技其實都差不多，勝負的關鍵，運氣佔大宗。這不就和職場一樣嗎？如果你以為能力好、夠努力就能一路升官，那真的是太天真了！人生有太多的「不公平」和「意外」，就像牌桌上永遠有人不小心放槍、有人莫名奇妙地被攔胡，誰說一手好牌就一定能贏？當運氣不站在我們這邊，唯有「忍」和「守」——忍得過、守得住，下一把重新開始，又是一條好漢！

一手好牌不一定能贏，一手爛牌也不見得注定輸局。劉德華主演的電影《嚦咕嚦咕新年財》有句金句：「爛牌有爛牌的打法，牌越爛越要用心打。」手氣好時趁勝追擊、手氣不好就運用智慧設停損點，打安全牌或是跟打。牌桌上有人牌運正旺，而自己牌運差，不避風頭硬要正面衝突，對自己有什麼好處？想想辦公室文化不也是如此嗎？

剛學會打牌時，一上牌桌，眼裡就只看到自己手上的牌，一心想聽牌，卻忽略觀察對手和牌海裡的牌，結果往往事與願違、把把輸。這種情況就與時下很多職場新鮮人一樣，埋頭苦幹，忘了觀察大環境和掌握部門狀況，甚至對同事的業務漠不關心，這種情況，別說要胡牌，能不放槍就不錯了。深愛麻將文化的好萊塢巨星茱莉亞羅勃茲，曾為麻將下了一個定義：打麻將就是透過隨機抓牌，在混亂中創造秩序。運用在職場人生上，是不是有異曲同工之妙？

打牌也教會我一件事，那就是牌桌上沒有永遠的朋友、也沒有永遠的敵人。每把牌狀況不一樣，有人已經連五拉五，運氣旺成這樣，另外三家如果不聯手圍堵，先把莊家拉下莊，斷了莊家的氣勢，是無法改變牌局的。這時候聯合次要敵人打擊主要敵人，是必要的戰略。過去，我與平行單位之間的合作，正是這個道理的延伸，先「讓利」給別人，釋出合作的善意，方能達成更大的目標。

反過來說，如果今天旺的是自己呢？準備聽牌往往是最容易放槍的時候，職場上也一樣。因此，人紅時最重要的是提醒自己安全下莊，因為這時候每個人都虎視眈眈地想「胡你」，經驗告訴我，準備升官加薪時更要步步為營，避免樂極生悲，在緊要關頭發生大逆轉。

當然，如果此時你有想拉攏的對象，無妨「過水」做個人情；不過，過水也是講究技巧的，既不能太刻意，也不能讓對方毫無所悉。一旦對方完全沒有察覺，順水人情就沒有意義，在職場上，我們雖不想搶功，但功勞與苦勞若總是被搶走、沒人知道你有什麼貢獻，自然也無法在職場上闖出一片天。

姑且不論輸贏，麻將桌就像職場人生，不可能把把聽牌、更不可能把把胡牌，所以要有正確的態度，不管贏或輸，該有的氣度和風度不能少，留一點給人家探聽。若真做不來，寧可不加入牌局，免得掃了別人的興，又淪為大家的笑柄。

不只麻將教會我許多道理，看完《甄嬛傳》劇中慘烈的宮鬥，像是修了一門「職場政治學」。我有一個重要結論，那就是「選對邊真的很重要」，你看看，劇中跟在皇后身邊的人，最後一個接一個地被犧牲，倒是幫助甄嬛的人，幾乎都得善終。這告訴我們，我們的忠誠要託付給對的人，但為了保護自己，職場上的「選邊站」，能多低調就多低調，盡可能別太早表態。

一個人的價值不能只有「忠誠」二字，《甄嬛傳》的故事還告訴我：做一個可被利用的人，而且安於被利用。站在老闆的立場，忠誠度不代表一個人最重要的附加價值，是否有利用價值更是關鍵。例如甄嬛的貼身婢女槿汐，找上了皇帝身旁的紅人蘇培盛，這便是連結了主管和大老闆之間溝通的人脈，創造出自己在主管心中無法被別人取代的價值。如此一來，就算主管不喜歡你，卻也不能沒有你了。

至於《甄嬛傳》裡的華妃，看看她曾經如此不可一世，下場卻如此悽慘，職場上再風光都還是不要高調跋扈的好。至於華妃的金句：「賤人就是矯情」，我認為這是職場的必要之惡，劇中每個角色的行為實是最真實的人性反應，人都是自私的，不是嗎？

學習並非全靠書本，努力之外，更需要在生活點點滴滴中了悟人生哲理。如此不斷反省、修正，一步一步把性格中的狼性（動物良善特質：不服輸、不放棄）和娘性（女性良善特質：善良、細膩）磨得更圓融。所以我說，我的狼性帶點娘！

Win 28

誰說我的狼性，不能帶點娘?!職場生存剛柔並濟的27個善良心智力量

作　者—唐玉書
照片提供—唐玉書
責任編輯—廖宜家
主　編—謝翠鈺
企　劃—陳玟利
美術編輯—菩薩蠻數位文化有限公司
封面設計—陳文德

董 事 長—趙政岷
出 版 者—時報文化出版企業股份有限公司
一〇八〇一九台北市和平西路三段二四〇號七樓
發行專線—（〇二）二三〇六六八四二
讀者服務專線—〇八〇〇二三一七〇五
（〇二）二三〇四七一〇三
讀者服務傳真—（〇二）二三〇四六八五八
郵撥—一九三四四七二四時報文化出版公司
信箱—一〇八九九　臺北華江橋郵局第九九信箱
時報悅讀網—http://www.readingtimes.com.tw
法律顧問—理律法律事務所　陳長文律師、李念祖律師
聯合出版—1111人力銀行
印刷—勁達印刷有限公司
初版一刷—二〇二二年三月十八日
初版三刷—二〇二二年九月五日
定價—新台幣三六〇元

時報文化出版公司成立於一九七五年，
並於一九九九年股票上櫃公開發行，於二〇〇八年脫離中時集團非屬旺中，
以「尊重智慧與創意的文化事業」為信念。

誰說我的狼性，不能帶點娘？！職場生存剛柔並濟的27 個善良心智力量／唐玉書著. -- 初版. -- 臺北市：時報文化出版企業股份有限公司, 2022.03
面；　公分. --（Win；28）
ISBN 978-626-335-083-0（平裝）

1.CST: 職場成功法

494.35　　11100205

ISBN 978-626-335-083-0
Printed in Taiwan